essentials

Essentials liefern aktuelles Wissen in konzentrierter Form. Die Essenz dessen, worauf es als „State-of-the-Art" in der gegenwärtigen Fachdiskussion oder in der Praxis ankommt. *Essentials* informieren schnell, unkompliziert und verständlich

- als Einführung in ein aktuelles Thema aus Ihrem Fachgebiet
- als Einstieg in ein für Sie noch unbekanntes Themenfeld
- als Einblick, um zum Thema mitreden zu können

Die Bücher in elektronischer und gedruckter Form bringen das Fachwissen von Springerautor*innen kompakt zur Darstellung. Sie sind besonders für die Nutzung als eBook auf Tablet-PCs, eBook-Readern und Smartphones geeignet. *Essentials* sind Wissensbausteine aus den Wirtschafts-, Sozial- und Geisteswissenschaften, aus Technik und Naturwissenschaften sowie aus Medizin, Psychologie und Gesundheitsberufen. Von renommierten Autor*innen aller Springer-Verlagsmarken.

Paul Demschar
Thomas Kremlicka
Klaus Philipp Sedlazeck

Scherensand - Ressource für die Stahlindustrie

Rückstände der schneidenden Schrottzerkleinerung

Springer Vieweg

Paul Demschar
Lehrstuhl für Abfallverwertungstechnik
und Abfallwirtschaft
Montanuniversität Leoben
Leoben, Österreich

Thomas Kremlicka
Lehrstuhl für Abfallverwertungstechnik
und Abfallwirtschaft
Montanuniversität Leoben
Leoben, Österreich

Klaus Philipp Sedlazeck
Lehrstuhl für Abfallverwertungstechnik
und Abfallwirtschaft
Montanuniversität Leoben
Leoben, Österreich

ISSN 2197-6708 ISSN 2197-6716 (electronic)
essentials
ISBN 978-3-658-52325-1 ISBN 978-3-658-52326-8 (eBook)
https://doi.org/10.1007/978-3-658-52326-8

Die Deutsche Nationalbibliothek verzeichnet diese Publikation in der Deutschen Nationalbibliografie; detaillierte bibliografische Daten sind im Internet über https://portal.dnb.de abrufbar.

Planung/Lektorat: Daniel Frohlich
Springer Vieweg ist ein Imprint der eingetragenen Gesellschaft Springer Fachmedien Wiesbaden GmbH und ist ein Teil von Springer Nature.
Die Anschrift der Gesellschaft ist: Abraham-Lincoln-Str. 46, 65189 Wiesbaden, Germany

Was Sie in diesem *essential* finden können

Dieses Buch bietet Ihnen:

- die erstmalige systematische und ganzheitliche Charakterisierung von Scherensanden als bisher unberücksichtigten Behandlungsrückstand der Schrottaufbereitung,
- eine umfassende makroskopische und chemische Materialcharakterisierung in einem verwertungsorientierten Charakterisierungsansatz,
- konkrete aufbereitungstechnische Überlegungen zur gezielten mechanischen Rückgewinnung von Sekundärrohstoffen aus Scherensanden,
- die quantitative Abschätzung von nationalen und globalen Scherensandmengen in konservativen und großzügigen Ansätzen,
- die systematische Erhebung des Sekundärrohstoffpotenzials von Scherensanden,
- eine Einordnung der Ergebnisse in den aktuellen Kontext vor dem Hintergrund der Transformation der Stahlindustrie.

Vorwort

Die Transformation der Stahlindustrie hin zur Stahlproduktion im Elektrolichtbogenofen (ELO) stellt die Abfall- und Recyclingwirtschaft vor neue Herausforderungen. Metallabfälle werden zum wichtigsten Rohstoff und die Abfallwirtschaft nimmt zukünftig eine größere Rolle als Versorger ein. Die Evaluierung und Weiterentwicklung etablierter Behandlungssysteme für metallische Abfallströme eröffnen erhebliche Potenziale zur Erschließung und Nutzung bislang ungenützter Stoffströme. Wertstoffhaltige Behandlungsrückstände rücken dabei zunehmend in den Fokus wissenschaftlicher und technischer Betrachtungen. Solche Rückstände entstehen unvermeidbar in mechanischen Aufbereitungsprozessen und werden bis dato primär unter dem Gesichtspunkt einer sicheren Entsorgung betrachtet. Vor dem Hintergrund steigender Rohstoffpreise, wachsender Ressourceneffizienzanforderungen und zunehmender Bedeutung sekundärer Rohstoffe erfahren Behandlungsrückstände im industriellen Kontext eine neue Bewertung als Wertstoffe.

Ein Beispiel dafür stellen **Scherensande** dar. Dabei handelt es sich um feinkörnige Rückstände, die im Betrieb hydraulischer Scheren bei der schneidenden Zerkleinerung von Stahlschrotten anfallen. Die Entstehungsgeschichte und die stoffliche Zusammensetzung von Scherensanden weisen darauf hin, dass ein erheblicher Anteil metallischer Bestandteile enthalten sein könnte. Das vorliegende Buch widmet sich dieser Fragestellung und nimmt eine grundlegende Charakterisierung vor. Der methodische Charakterisierungsansatz basiert auf aufbereitungstechnischen Überlegungen sowie einer Merkmalsklassenanalyse. Das Ausgangsmaterial wird durch physikalische Fraktionierung in distinkte Teilströme aufgeteilt und diese werden wiederum separat untersucht. Die Zusammenführung aller erhobenen Teilergebnisse ermöglicht abschließend eine Charakterisierung des Scherensandes in der Form des industriellen Anfalls. So können Wertstoffpotenziale erhoben und Einsparungsszenarien primärer Rohstoffe analysiert werden.

Dieses Buch richtet sich sowohl an Fachleute aus der Abfallwirtschaft, der Aufbereitungstechnik sowie der Stahl- und Metallrecyclingindustrie als auch an Forschende und Studierende, die sich mit der stofflichen Nutzung industrieller Reststoffe befassen. Ziel ist es einerseits, ein vertieftes Verständnis für die Entstehung, Zusammensetzung und stofflichen Eigenschaften von Scherensand zu vermitteln. Andererseits soll der gewählte methodische Ansatz eine systematische Vorgehensweise aufzeigen, mit der industrielle Reststoffe praxisnah analysiert und hinsichtlich ihres Wertstoffpotenzials bewertet werden können. Der angewandte Charakterisierungsansatz ist bewusst verwertungsorientiert ausgestaltet und zeigt bereits im Zuge der Charakterisierung konkrete Ansätze zur technischen Rückgewinnung von Wertstoffen auf.

Der besondere Dank der Autoren gilt den beteiligten Unternehmen des Projektkonsortiums des Forschungsprojekts MeteoR (Bernegger GmbH, FCC Austria Abfall Service AG, Technische Universität Graz, Holcim (Österreich) GmbH, IFE Aufbereitungstechnik GmbH, RWTH Aachen, Universität Innsbruck, RHI Magnesita GmbH), im Rahmen dessen die gegenständlichen Forschungsarbeiten durchgeführt wurden. Das Projekt wurde von der Österreichischen Forschungsförderungsgesellschaft (FFG) im Rahmen der zweiten Ausschreibung der FTI-Initiative Kreislaufwirtschaft gefördert (Fördernummer: FO999897764). Darüber hinaus gilt der Scholz Austria GmbH besonderer Dank für die Bereitstellung des Probenmaterials. Ebenso danken die Autoren der Lehrstuhlleitung sowie den in die Forschungsarbeiten involvierten Kolleginnen und Kollegen der Montanuniversität Leoben, insbesondere jenen des Lehrstuhls für Abfallverwertungstechnik und Abfallwirtschaft, für die fachliche Unterstützung.

Die Autoren hoffen, dass die vorliegende Arbeit neue fachliche Einblicke in die Charakterisierung und Nutzung bislang wenig betrachteter Reststoffströme vermittelt. Wir wünschen den Leserinnen und Lesern eine anregende und erkenntnisreiche Lektüre.

Leoben, Österreich
Mai 2026

Paul Demschar
Thomas Kremlicka
Klaus Philipp Sedlazeck

Interessenskonflikt Die Autor*innen haben keine relevanten Interessenskonflikte im Zusammenhang mit dieser Publikation.

Inhaltsverzeichnis

1 Einleitung

Die Transformation der europäischen Stahlindustrie stellt ein zentrales Leuchtturmprojekt zur industriellen Dekarbonisierung dar. Mit dem Ziel, die produktionsbedingten CO_2-Emissionen bis 2030 um 55 % gegenüber dem Referenzjahr 1990 zu senken, setzt sich die Branche ambitionierte Ziele, die unter anderem durch einen grundlegenden Technologiewechsel erreicht werden sollen. Im Zuge dessen kehrt die Stahlindustrie zunehmend von der Rohstahlproduktion in integrierten Hüttenwerken ab und setzt auf den Einsatz der sekundären Prozessroute, vornehmlich durch Elektrolichtbogenöfen. Diese technologische Neuausrichtung bringt eine fundamentale Änderung der Rohstoffbasis mit sich: Anstelle primärer, bergbaulich gewonnener Erze rücken Eisen- und Stahlschrotte, also metallische Rest- und Abfallströme, in das Zentrum der Rohstoffversorgung. Prognosen zufolge wird sich der Schrottbedarf in den kommenden zehn Jahren, trotz stagnierender Produktionsmengen von Stahl, bedingt durch diesen technologischen Umstieg signifikant erhöhen. Experten gehen zumindest von einer Verdoppelung des Schrottbedarfs aus (Hackl et al. 2023). Eine umfassende und effiziente Nutzung verfügbarer Ressourcen ist daher essenziell für die Implementierung einer zirkulären Stahlindustrie. In diesem Zusammenhang verschiebt sich die Aufgabe der Abfallwirtschaft und der damit verbundenen Systeme zu Sammlung und Behandlung von metallischen Rest- und Abfallströmen von einer primären Entsorgungs- hin zu einer Versorgungsfunktion. Die Betrachtung dieser Prozesse unter aktuellen Gesichtspunkten bietet die Möglichkeit, Optimierungspotentiale zu identifizieren und damit die systemische Resilienz gesamtheitlich zu stärken.

In jedem Aufbereitungsprozess entstehen neben Produkten auch Reststoffe. Diese lassen sich wiederum in zwei Gruppen unterteilen: erstens solche, die durch gezielte Konditionierung für eine sichere Ablagerung vorbereitet werden, und

P. Demschar et al., *Scherensand – Ressource für die Stahlindustrie*, essentials, https://doi.org/10.1007/978-3-658-52326-8_1

zweitens jene, die unbeabsichtigt als Behandlungsrückstände anfallen. In den letzten zwanzig Jahren haben sich im Bereich industrieller Reststoffe erhebliche Entwicklungen vollzogen. Deponierung gilt in industrialisierten Ländern zunehmend als auslaufendes Modell und ist aufgrund steigender Kosten und zunehmender Umweltstandards nicht mehr attraktiv. Bei Metallabfällen kommt hinzu, dass diese, beispielsweise im Vergleich zu Papier oder Kunststoffen, einen hohen ökonomischen Wert aufweisen und unbegrenzt ohne Qualitätsverlust recycelt werden können (Smith et al. 2019). Gezielt für die Deponierung konditionierte Reststoffe sind daher im Bereich der Metallabfälle von untergeordneter Bedeutung, während metallhaltige Behandlungsrückstände ein zentrales Thema darstellen.

In der Schrottaufbereitung, also der mechanischen Vorbereitung von Metallabfällen für den Einsatz im metallurgischen Recycling, kommen in der Vereinzelung und der Zerkleinerung Aggregate zum Einsatz, deren Betrieb zwangsläufig mit der Entstehung von Behandlungsrückständen verbunden ist. Durch eine systematische Untersuchung dieser Rückstände können deren Ressourcenpotential erfasst und so die Möglichkeiten zur Rückgewinnung von Wertstoffen ermittelt werden. Der Stellenwert zur Befassung mit solchen Behandlungsrückständen unterliegt in der industriellen Praxis einem dynamischen Wandel, der von ökonomischen, ökologischen und rechtlichen Rahmenbedingungen beeinflusst wird. Vor dem Hintergrund der aktuellen Transformation der Stahlindustrie und des damit verbundenen steigenden Bedarfs an Stahlschrott verändern sich diese Einflussfaktoren für metallhaltige Reststoffe simultan, weshalb eine Betrachtung jedenfalls lohnt.

Ein solcher, bislang weder ausreichend betrachteter noch genutzter Behandlungsrückstand der Schrottaufbereitung, ist *Scherensand*. Dabei handelt es sich um Rückstände, die bei der schneidenden Zerkleinerung von Schrotten mittels hydraulischer Scheren anfallen. Die Anfallmenge beträgt etwa 2 M-% in Bezug auf die mit ebensolchen Scheren behandelte Schrottmenge. Exemplarisch ergibt sich daraus in einer österreichischen Betrachtung des Eisen- und Stahlschrottmarktes ein geschätztes jährliches Aufkommen von rund 40.000 t Scherensand. Unter vorsichtiger Übertragung dieses Verhältnisses auf das globale Handelsvolumen von etwa 97 Mio. t lässt sich die potenzielle weltweite Entstehungsmenge größenordnungsmäßig auf etwa 2 Mio. t Scherensand pro Jahr abschätzen (Demschar et al. 2025). Zur Ermittlung des Wertstoffpotentials werden Scherensande in der Form ihres industriellen Anfalls (Scherensand-Ausgangsmaterial) einer Merkmalsklassenanalyse unterzogen und unter aufbereitungstechnischen Gesichtspunkten charakterisiert. Die Auswahl der eingesetzten Trennverfahren basiert dabei auf einer iterativen Beurteilung des vorliegenden Materials. Durch diese Vorgehensweise können distinkte Teilströme erzeugt und gezielt charakterisiert werden. Hinsichtlich der makroskopischen Erscheinung erfolgt eine qualitative Bewertung der erzeugten Fraktionen. Grobe Fraktionen (größer als 1 mm) werden makroskopisch charakterisiert, um Aussagen zu Materialarten, Phasenbestand und potenziellen Trennmöglichkeiten zu treffen. Feine Fraktionen (kleiner als 1 mm) erfahren ergänzend zur makroskopischen Charakterisierung eine mikroskopische Untersuchung sowie chemische Analysen. Dies erlaubt die Darstellung von Anreicherungs- und Verarmungstendenzen der Wert- und Schadstoffkomponenten. Die Zusammenführung sämtlicher Teilcharakterisierungen und die Kombination mit Massenausbringenswerten ermöglicht eine umfassende qualitative und quantitative Bottom-up-Charakterisierung des Scherensand-Ausgangsmaterials.

Dieses Werk versteht sich als Fallstudie, die am Beispiel des Scherensandes aufzeigt, wie eine abfallwirtschaftlich-wissenschaftliche Ressourcenpotenzialerhebung bisher unbeachteter Behandlungsrückstände erfolgen kann. Die Kombination aus der verwertungsorientierten Charakterisierung von Teilfraktionen als Grundlage für eine Bottom-up-Charakterisierung sowie der immanenten Entwicklung von Prozessvorschlägen zur Wertstoffrückgewinnung stellt einen holistischen Ansatz dar. Die zusätzliche Einbettung von Scherensanden in den Kontext der Dekarbonisierung der europäischen Stahlindustrie ergänzt die Ergebnisse im Sinne einer ganzheitlichen Fallstudie – und zeigt auf, inwiefern Scherensande eine wertvolle Ressource für die Stahlindustrie darstellen.

Hintergrund und Begriffsbestimmung 2

2.1 Abgrenzung der Schrottherkunft

Dieses Buch zeigt am Beispiel des Scherensandes auf, welchen Beitrag die Optimierung abfallwirtschaftlicher Systeme zur Sicherung der Rohstoffversorgung in der Stahlindustrie leisten kann. Die Betrachtung erfolgt dabei ausdrücklich aus abfallwirtschaftlicher Perspektive und wird nicht metallurgisch vertieft. Der Definition von Schrott, wie sie in dieser Studie Anwendung findet, liegen abfallwirtschaftliche Überlegungen und Vorgaben zugrunde. Wichtigstes Kriterium in diesem Zusammenhang ist die Art der Erfassung. Schrotte, die nicht als metallische Abfälle erfasst werden, können weder in den Anlagen der schrottverarbeitenden Industrie aufbereitet noch in metallurgischen Anlagen recycelt werden. Eine Erfassung als Abfall ist zudem Voraussetzung für eine Abbildung in abfallwirtschaftlichen Bilanzdaten. Die Abgrenzung der Schrottherkunft für die Abschätzung der Scherensandmenge kann exemplarisch anhand des Österreichischen Bundes-Abfallwirtschaftsplans erfolgen (BMK 2023).

Im Bereich der Metallabfälle wird zwischen getrennt erfassten Metallschrotten und gemischt erfassten metallhaltigen Abfällen unterschieden. Etwa 90 % des Gesamtaufkommens (2020) entfallen auf getrennt erfasste Metallschrotte, zu denen beispielsweise Eisen- und Stahlabfälle, NE-Metallschrotte und Aluminiumabfälle zählen. Diese werden im Rahmen der Industrie- und Gewerbemüllentsorgung von spezialisierten Unternehmen des Schrotthandels übernommen und in eigenen Anlagen auf Schrottplätzen durch mechanische Behandlung für das metallurgische Recycling vorbereitet. Aufgrund der separaten Erfassung und Aufbereitung darf angenommen werden, dass diese direkt zum Aufkommen von Scherensand beitragen (BMK 2023).

P. Demschar et al., *Scherensand – Ressource für die Stahlindustrie*, essentials, https://doi.org/10.1007/978-3-658-52326-8_2

Als metallhaltige Abfälle sind metallische Komponenten definiert, die Anteile in gemischten oder aus mehreren Materialien bestehenden Abfällen darstellen. Solche finden sich beispielsweise in Rest- und Sperrmüll, Elektroaltgeräten, Altbatterien, Krätzen und Metallschleifschlämmen. Bedingt durch teilweise gemischte Erfassungs- und Behandlungswege liegen metallhaltige Abfälle außerhalb des prozesstechnischen Betrachtungsrahmens. Dieser erstreckt sich direkt über die der Stahlindustrie vorgelagerte Schrottaufbereitung (BMK 2023).

Schrotte im Sinne dieses Buches sind getrennt erfasste Metallabfälle, die andienungsfrei gesammelt, von spezialisierten Unternehmen übernommen und durch mechanische Behandlung für ein metallurgisches Recycling vorbereitet werden. Die Zielqualität der Behandlung orientiert sich dabei an den Anforderungen der Europäischen Schrottsortenliste. Die Definition der für den Scherensandanfall relevanten Schrottarten ist insbesondere für die Erhebung des Sekundärrohstoffpotenzials in Kap. 5 entscheidend.

2.2 Zur schneidenden Metallzerkleinerung

Die Zerkleinerung stellt in sämtlichen Aufbereitungsprozessen einen elementaren Prozessschritt dar. Sie dient der Herabsetzung der Korngrößenverteilung, der Schaffung von Dispersität und dem Aufschluss von Stoff- und Phasenverbunden. Die Fähigkeit eines Zerkleinerungsverfahrens, Verbunde aufzulösen und Bestandteile selektiv freizulegen, ist ein entscheidender Parameter für die Apparatewahl. Die Systematik von Zerkleinerungsprozessen differenziert prinzipiell zwischen spröden und duktilen Materialien, wobei die jeweilige Beanspruchungsart das physikalische Unterscheidungsmerkmal darstellt. Spröde Materialien lassen sich durch Druck-, Schlag-, Prall- oder Reibebeanspruchung zerkleinern, während im Bereich nicht spröder Materialien Scheren, Schneiden, Reißen oder Biegen unterschieden werden.

Metalle sind im Allgemeinen nicht spröde, duktile Materialien, die elastisch-plastisches Verformungsverhalten aufweisen und einer harten Festigkeitsklasse zuzuordnen sind. Im Bereich großformatiger Schrotte werden dafür Schredder und Scheren eingesetzt, wobei mit zunehmender Wandstärke der Schrotte der Einsatz von Scheren an Bedeutung gewinnt (Schubert 1988).

Schredder im Kontext der Schrottzerkleinerung sind Hammerreißer. Die Beanspruchungsart dieser Maschinen ist reißend, es wirken also Zugbeanspruchungen in Verbindung mit Biegungs- und Torsionskomponenten auf das zu zerkleinernde Gut. Dabei kommt es zu einer Aufschlusszerkleinerung mit stark ausgeprägtem Vereinzelungseffekt. Mit installierten Antriebsleistungen von 500 kW bis ca. 10.000 kW und Produktionsraten von bis zu 300 t/h Eisen- und Stahlschrott sind sie die leistungsstärksten Aggregate in diesem Bereich (Verein Deutscher Ingenieure 2011).

Scheren werden in Rotorscheren und Translationsscheren unterschieden. Bei Rotorscheren wirkt ein rotierendes Messersystem gegen feststehende Gegenklingen. Zwischen den beiden Werkzeugen bildet sich, in Abhängigkeit der Rotorumfangsgeschwindigkeit, ein axialer (kleiner (<) 0,5 m/s) oder radialer (größer (>) 0,5 m/s) Spalt aus, in welchem auftretende Scherkräfte eine Zerkleinerungswirkung herbeiführen. Rotorscheren werden insbesondere im Bereich der Bearbeitung von Elektro- und Kabelabfällen eingesetzt und bewirken eine Herabsetzung der Stückgrößenverteilung bei gleichzeitigem Aufschluss. Die zweite Gruppe von Scheren bilden Translationsscheren, die sich durch eine bewegliche Klinge (Messer) auszeichnen, welche sich in Form einer Translationsbewegung normal auf eine starre Gegenklinge zubewegt. Auf das zu zerkleinernde Gut wirkt in Richtung der Translationsbewegung eine schneidende Beanspruchung. Anwendung finden solche Scheren bei der Zerkleinerung schwerer, dickwandiger, großformatiger und sperriger Schrotte (Schubert 1988).

Rotor- und Translationsscheren unterscheiden sich, abgesehen von apparativen und anwendungsspezifischen Aspekten, primär in der Beanspruchungsart. In der schneidenden Beanspruchung kommt ein spitzes Werkzeug (Messer) zum Einsatz, das gegen ein stumpfes Gegenstück wirkt. Durch die Translationsbewegung des Messers bleibt das Zerkleinerungsgut selbst in Ruhe. Die Zerkleinerungsbeanspruchung wird einseitig in ruhendes Gut eingebracht, woraus ein linearer Krafteintrag resultiert. Um dies zu ermöglichen, muss der Keilwinkel des Messers immer $< 90°$ sein (Abb. 2.1).

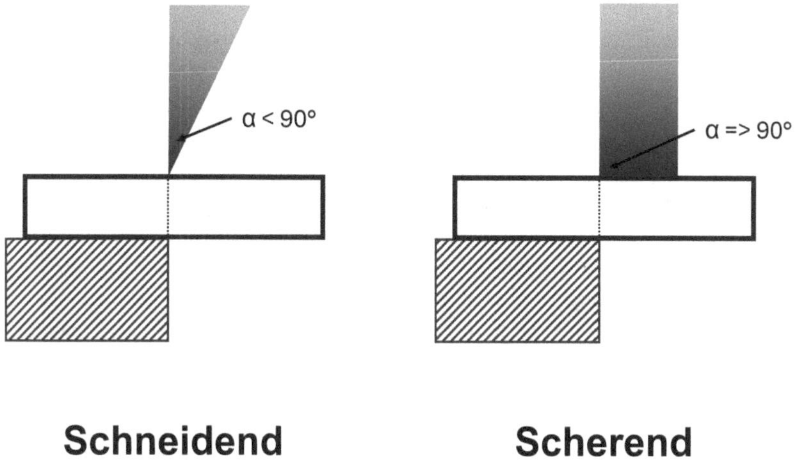

Abb. 2.1 Schematische Darstellung des Unterschieds zwischen schneidender und scherender Beanspruchung

Die scherende Beanspruchung entsteht durch einen Spalt zwischen zwei sich aufeinander zubewegenden Klingen. Ob beide Klingen in Bewegung sind oder eine als fixes Gegenstück ausgebildet ist, hat auf die Beanspruchungsart keinen relevanten Einfluss. Das Zerkleinerungsgut wird zwischen den Klingen eingeklemmt und durch die Relativbewegung abgeschert. Die Keilwinkel der Klingen betragen größer oder gleich 90°. Dadurch können sie nicht in das Material eindringen und die Zerkleinerungswirkung resultiert aus der Scherbewegung.

Scherensande als Abriebe der schneidenden Schrottzerkleinerung entstehen, wenn ein Messer (Keilwinkel < 90°) durch linearen Krafteintrag in das zu zerkleinernde Gut eindringt und dieses zerteilt. Das ist bei Translationsscheren der Fall.

2.3 Translationsscheren

Translationsscheren sind schneidende Zerkleinerungsaggregate für grobstückige, dickwandige Stoffe mit Zähbruchverhalten. Sie gelten als universell einsetzbar und kommen sowohl als alleinige Zerkleinerungsstufe als auch unterstützend, beispielsweise vorbereitend für eine Schredderanlage, zur Anwendung. Die weite Verbreitung und der universelle Einsatz von Schrottscheren spiegeln sich in der Anzahl der in Betrieb befindlichen Anlagen wider. Für das Jahr 2024 weist das Umweltbundesamt Österreich bundesweit insgesamt 109 Aufbereitungsanlagen für Metallabfälle aus. Von diesen Anlagen sind 42 mit stationären Schrottscheren ausgestattet, während lediglich an sechs Standorten Großschredderanlagen betrieben werden (Umweltbundesamt Österreich 2024).

Translationsscheren wiederum lassen sich in drei Bauarten unterscheiden. Allen gemein ist das Funktionsprinzip: ein Messer (Keilwinkel < 90°) wirkt gegen ein stumpfes Gegenstück. Dadurch ergibt sich ein linearer Krafteintrag und ein glatter Schnitt. Translationsscheren (im weiteren Verlauf: Scheren) mit Handbeschickung werden als Alligatorscheren bezeichnet. Diese weisen geringes Gewicht von 1 t bis ca. 4 t auf und verfügen über eine vergleichsweise geringe Antriebsleistung von 4 kW bis ca. 20 kW. Sowohl Beschickung als auch Bedienung erfolgen manuell. Als semimobile Varianten von Scheren gelten Anbaugeräte an Umschlaggeräten wie beispielsweise Baggerscheren. Diese können Schneidkräfte im Bereich von ca. 3000 kN bis ca. 10.000 kN aufbringen und dienen unter anderem als Ergänzung in der Zerlegung von großvolumigen Konstruktionsschrotten. Sowohl Alligatorscheren als auch Baggerscheren sind für den mobilen und semimobilen Betrieb geeignet und zählen zur Basisausstattung eines jeden schrottverarbeitenden Betriebes. Baggerscheren finden zudem oftmals auf Abbruchbaustellen Einsatz und werden insbesondere als Ergänzung oder Alternative zum händischen Schneidbrennen eingesetzt. Mobile und semimobile Schrottscheren unterliegen in Österreich keiner standortgebundenen Anlagengenehmigungspflicht und können daher nicht als systematische Grundlage zur Quantifizierung des Scherensandanfalls herangezogen werden. Die im Zuge des Schneidprozesses entstehenden Rückstände sind den sogenannten Schrottplatzkehrichten zuzuordnen. Diese können, sofern es die betrieblichen Rahmenbedingungen erlauben, im weiteren Betriebsablauf in den Scherensand mit eingebracht werden (Demschar et al. 2025).

Stationäre, hydraulisch betriebene Scheren werden auch als Guillotinescheren bezeichnet und stellen die größte Bauart von Translationsscheren dar. Ihr Betrieb am Standort bedarf in Österreich einer Genehmigung gemäß den jeweils geltenden abfall- und anlagenrechtlichen Materien. Guillotinescheren verfügen über Antriebsleistungen zwischen 180 kW bis 900 kW und können Schneidkräfte in der Größenordnung von 6000 kN bis 20.000 kN aufbringen (Verein Deutscher Ingenieure 2011). Die Aufgabe erfolgt über eine Zuführmulde, von wo aus ein hydraulischer Zuführschieber das Material auf den Scherentisch befördert. Dort sorgt ein Niederhalter für die Befestigung des Gutes im Scherenmaul. Die Zerkleinerung erfolgt durch das bewegliche Obermesser und das fest am Scherentisch verankerte Untermesser als linienförmiger Krafteintrag. Für die Zerkleinerung voluminöser, sperriger Schrotte gibt es entsprechende Vorverdichtungseinrichtungen im Bereich der Zuführmulde, die den Vorschub eines definierten Volumenkörpers in das Scherenmaul gewährleisten. Das Zerkleinerungsprodukt wird beim Hochfahren des Messers nach vollständiger Durchdringung des Materialquerschnittes ausgeworfen (Nickel 1996). Eine schematische Darstellung einer Guillotineschere zeigt Abb. 2.2.

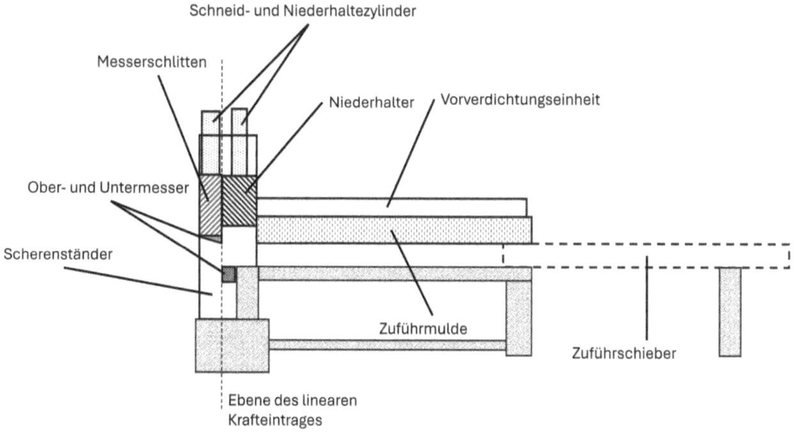

Abb. 2.2 Schematische Darstellung einer Guillotineschere mit hydraulischem Messerschlitten und Vorverdichtungseinheit

2.4 Definition Scherensand

Scherensande sind Behandlungsrückstände, die bei der mechanischen Zerkleinerung von Schrotten entstehen. Es handelt sich dabei um ein heterogenes Gemisch aus metallischen Abriebpartikeln, mineralischen Bestandteilen sowie weiteren dispersen Rückständen, die im Umfeld des Schneidprozesses anfallen.

Den primären Bestandteil bilden Abriebe, die im Schneidprozess entstehen. Bedingt durch die hohen Kräfte kommt es sowohl auf Seiten des Messers als auch auf Seiten des Zerkleinerungsgutes zu Abrieben. Beim Durchtrennen von Stahlschrotten wirken hohe mechanische Spannungen und lokale plastische Verformungen auf das Material ein. In der Kontaktzone zwischen Messer und Schrottkörper kann es zu Mikroscherprozessen, Materialausbrüchen und abrasiven Effekten kommen, wodurch feine metallische Partikel freigesetzt werden.

Nach dem vollständigen Durchtrennen des Materialquerschnitts wird das zerkleinerte Gut durch Öffnen des Scherenmaules mit dem Zuführschieber ausgetragen. Die Produkte fallen am Scherenabwurf zu Boden, werden mit Umschlaggeräten entfernt und der weiteren Verarbeitung zugeführt, beispielsweise einer Klassierung mittels Trommelsieben (Rudevskij und Kralja 1982). Für diese Manipulation definiert der Stand der industriellen Praxis unterschiedliche Greifersysteme, darunter Zwei-Schalen-Greifer, Mehrschalengreifer (Polypgreifer) oder Magnetgreifer, die üblicherweise an Kränen oder Baggern betrieben werden (Verein Deutscher Ingenieure 2011). Diese Umschlaggeräte sind konstruktiv darauf ausgelegt, stückige und tendenziell grobe Materialien zu manipulieren, wobei der typische Einsatzbereich für Stückgüter in einem Korngrößenbereich > 50 mm liegt.

Aus dieser technischen Randbedingung ergibt sich unmittelbar, dass im Schneidprozess entstehende Feinanteile mit diesen Umschlaggeräten nicht aktiv bewegt werden können. Sämtliche Partikel, die aufgrund ihrer geringen Korngröße nicht gezielt manipuliert werden können, verbleiben vorerst am Scherenabwurf. In der betrieblichen Praxis erfolgt die Manipulation dieser feinen Anteile mit Schiebeschildern oder Schaufeln an Baggern und Radladern.

Im Zuge der Manipulation der Feinanteile kommt es unvermeidbar zu einer Vermischung mit Materialien, die sich im Arbeitsumfeld der Anlage ansammeln. Dazu zählt speziell Schrottplatzkehricht. Dieser besteht aus feinkörnigen Ablagerungen, die durch Umschlagprozesse, mechanische Beanspruchung, Korrosion sowie Witterungseinflüsse entstehen und sich auf den Betriebsflächen von Schrottplätzen ablagern. Schrottplatzkehricht bringt zusätzliche mineralische und organische Komponenten in den Stoffstrom ein. Zu den mineralischen Bestandteilen zählen insbesondere Bodenpartikel, Sand, Beton- und Ziegelabrieb, während organische

Anteile beispielsweise aus Kunststofffragmenten, Gummi, Holzpartikeln oder sonstigen anhaftenden Reststoffen stammen (Demschar et al. 2025).

Scherensand stellt somit einen betrieblichen Mischrückstand aus Schneidabrieb und Schrottplatzkehricht dar. Die stoffliche Zusammensetzung wird sowohl durch die verarbeiteten Schrottqualitäten als auch durch die betrieblichen Rahmenbedingungen des jeweiligen Aufbereitungsbetriebs beeinflusst. Demnach handelt es sich bei Scherensanden um Rückstände der schneidenden Schrottzerkleinerung sowie des damit verbundenen Handlings in Betrieben mit stationären Translationsscheren.

3 Methodik zur Fraktionierung und Charakterisierung

Die Aufbereitungstechnik bezeichnet als Merkmalsklassenanalyse ein systematisches Vorgehen zur Charakterisierung von Stoffströmen auf Grundlage ihrer physikalischen Merkmalsunterschiede. Ziel solcher Analysen ist es, einen Stoffstrom durch geeignete Trennverfahren, wie beispielsweise Sieben bzw. Klassieren, Dichtesortieren, Magnetscheiden oder Wirbelstromsortieren, in distinkte Teilströme zu fraktionieren. Diese Teilströme unterscheiden sich hinsichtlich spezifischer Merkmalsunterschiede. Die Trennwirkung der eingesetzten Verfahren beruht auf physikalischen Charakteristika der Partikel wie etwa Korngröße, Materialdichte, magnetischer Suszeptibilität, elektrischer Leitfähigkeit oder Kornform. Durch die gezielte Auftrennung in Merkmalsklassen (Fraktionierung) und eine dabei mitgeführte Massenbilanzierung entsteht ein detailliertes Bild der stofflichen Zusammensetzung des betrachteten Stoffstroms. Im folgenden Kapitel wird auf die Methodik eingegangen, die der Charakterisierung des Scherensand-Ausgangsmaterials zugrunde liegt.

Merkmalsklassenanalysen folgen dem prozessualen Ansatz, Stoffströme zu fraktionieren und die dabei entstehenden Teilströme separat zu charakterisieren. Physikalische Merkmale bilden nicht nur die Grundlage für die Einteilung in Merkmalsklassen, sondern bestimmen zugleich die Wirksamkeit der eingesetzten Trennprozesse, da die resultierenden Austragskräfte auf den physikalischen Merkmalen beruhen. Daraus ergibt sich auch eine Abhängigkeit von der Korngrößenverteilung. Die Breite der Korngrößenklassen ist an die jeweilige Korngröße anzupassen (Öfner 2013).

In der Merkmalsklassenanalyse können distinkte, physikalisch eindeutig unterscheidbare Teilströme selektiv gewonnen und anschließend jeweils gesondert charakterisiert werden. Erfolgt diese Untersuchung für sämtliche aus dem Aus-

P. Demschar et al., *Scherensand – Ressource für die Stahlindustrie*, essentials, https://doi.org/10.1007/978-3-658-52326-8_3

gangsmaterial hervorgegangenen Teilströme nach einer einheitlichen systematischen Vorgehensweise, lassen sich die Einzelresultate zu einem konsistenten Gesamtbild des Ausgangsmaterials zusammenfassen. Dieses Vorgehen entspricht einem Bottom-up-Ansatz der Materialcharakterisierung, bei dem die Eigenschaften des Gesamtmaterials aus der detaillierten Analyse seiner Teilfraktionen abgeleitet werden. In den vorliegenden Untersuchungen wurde dieser Ansatz angewendet, um das ursprüngliche Scherensand-Ausgangsmaterial hinsichtlich seiner stofflichen Zusammensetzung und seines Wertstoffpotenzials systematisch zu charakterisieren. Um die Aussagekraft der Ergebnisse zu erhöhen und Verfälschungen durch Feinkornverschleppungen möglichst zu vermeiden, erfolgte die Betrachtung im vorliegenden Fall zudem separat für grobe Fraktionen (> 1 mm) und feine Fraktionen (< 1 mm), sowohl im Feststoff- als auch im Schlammaustrag der Desagglomeration (vgl. Abschn. 3.1 und 3.2).

Charakterisierungsergebnisse können im Rahmen dieser Vorgehensweise sowohl auf qualitativer als auch auf quantitativer Ebene gewonnen werden. Quantitative Ergebnisse erlauben Aussagen zur stofflichen Zusammensetzung und lassen sich aus einer konsistent mitgeführten Massenbilanzierung ermitteln. Diese dient als Grundlage für die Berechnung von Transferkoeffizienten und damit der stofflichen Verteilung (Abschn. 3.4). Qualitative Ergebnisse lassen Aussagen zu physikalischen Merkmalen bzw. Merkmalsunterschieden, Phasenvergesellschaftungen und -bestand sowie zu Trennmöglichkeiten zu. Sortieranalysen geben zusätzlich Auskunft über den Wertstoffgehalt. Dazu wurden makroskopische Charakterisierungen (Abschn. 3.5) und teilweise chemische Analysen (Abschn. 3.6) in den jeweiligen Teilströmen der Merkmalsklassenanalyse durchgeführt. Aus methodischen Gründen erfolgte dies ebenfalls differenziert in groben Fraktionen (> 1 mm) und feinen Fraktionen (< 1 mm). Details dazu finden sich in Abschn. 3.5.

3.1 Auflösung der Agglomerate

Scherensande neigen zur Ausbildung stabiler Agglomerate. Für die Charakterisierung im Zuge der Merkmalsklassenanalyse ist ein Aufschluss und eine Freilegung der Monopartikel Voraussetzung. Im Scherensand-Ausgangsmaterial liegen metallische Bestandteile sowie – infolge des Eintrags von Schrottplatzkehricht – mineralische und organische Komponenten gemeinsam in intensiver Vergesellschaftung vor. Diese Stoffe unterscheiden sich deutlich in ihren mechanischen Eigenschaften. Metalle verhalten sich überwiegend duktil, mineralische Bestandteile spröde, während organische Anteile pastösen Charakter aufweisen. Entsprechend reagieren sie unterschiedlich auf Scher- und Reibungskräfte.

Zu Desagglomeration und Aufschluss wurde ein attritiver Läuterprozess in nasser Prozessführung eingesetzt. Solche Prozesse arbeiten unter hohen Feststoffgehalten und intensiver Partikelbeanspruchung. In Attritionszellen werden die Partikel durch Rührwerke gegeneinander bewegt und aneinander gerieben, wodurch starke Scherkräfte innerhalb des Partikelkollektivs wirken. Dadurch lösen sich pastöse und spröde Anhaftungen von den Partikeloberflächen ab. Gleichzeitig werden bestehende Agglomerate aufgebrochen, sodass eine weitestgehende Vereinzelung der Partikel erreicht wird. Der Läuterprozess erfolgte in den gegenständlichen Versuchen in Anlehnung an die Verfahrensdurchführung in einer Attritionszelle in einem zylindrischen Waschbottich mit integriertem Rührwerk (Löhr et al. 1995). Das Scherensand-Ausgangsmaterial wurde über einen starren, intensiv bebrausten Rost mit einer Maschenweite von 13 mm aufgegeben. Dies gewährleistet zum einen den passiven Maschinenschutz des Rührwerks vor großen, massiven Metallklumpen und zum anderen die Vorreinigung der Partikeloberflächen. Aus dem Überlauf des Rostes lässt sich direkt eine Feststofffraktion („Feststofffraktion > 13 mm“) abziehen, die keine attritive Behandlung erfährt. Die abgelösten Komponenten gehen als Trübe (< 13 mm) in den Rost-Unterlauf und werden nach der attritiven Behandlung über ein intensiv bebraustes Sieb (Maschenweite 1 mm) abgeschlämmt. Freigelegte Monopartikel gehen als Überlauf dieses Siebes in die „Feststofffraktion 1|13“ mm, während die Fraktion < 1 mm aus dem Unterlauf als „Schlammfraktion 0|1“ mm abgezogen wird. Durch händische Sortierung in die Kategorien *frei* und *verwachsen* und entsprechende Verwiegung wird der Aufschlussgrad bestimmt.

Gemäß Abb. 3.1 liegen nach der Auflösung der Agglomerate folgende drei Fraktionen für weiterführende Untersuchungen vor:

1. Feststofffraktion > 13 mm,
2. Feststofffraktion 1|13 mm und
3. Schlammfraktion 0|1 mm.

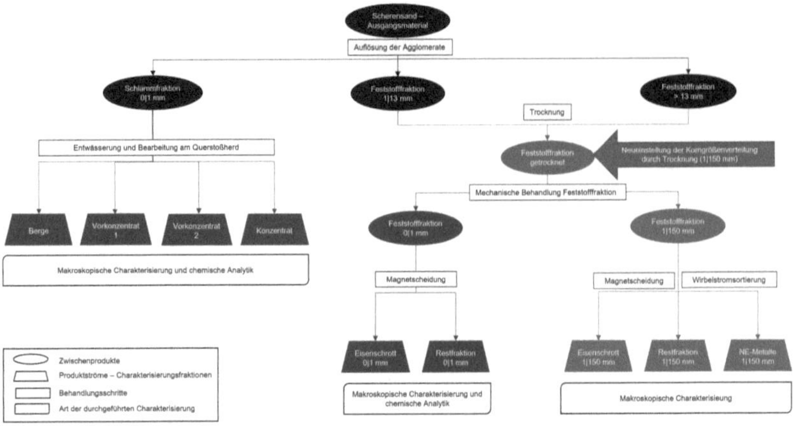

Abb. 3.1 Übersicht der Vorgehensweise zur aufbereitungstechnischen Fraktionierung sowie der durchgeführten Untersuchungen zur Charakterisierung der erstellten Produktströme. Die Gesamtheit dieser Ergebnisse liefert die Grundlage für die Bottom-up-Charakterisierung des Scherensand-Ausgangsmaterials

3.2 Mechanische Behandlung Feststofffraktion

Als erster Schritt der Fraktionierung im Zuge der Merkmalsklassenanalyse erfolgte eine Entmetallisierung durch Magnetscheidung (Schwach- und Starkfeldscheider) und Wirbelstromsortierung.

Die Magnetscheidung ist ein Verfahren zur Trennung von Partikeln nach ihrer Magnetisierbarkeit. Diese ist durch den Materialkennwert der magnetischen Suszeptibilität bestimmt. In der Abfallbehandlung findet sie zur Abtrennung von Eisenmetallen aus einer nichtmagnetischen Matrix Anwendung. Ferromagnetische Stoffe wie Eisen und die meisten Stähle weisen eine hohe Suszeptibilität auf und lassen sich durch Magnetscheidung selektiv und effizient erfassen, sofern ein entsprechender Aufschluss vorliegt. Paramagnetische Stoffe hingegen reagieren nur schwach auf ein äußeres Magnetfeld und erfordern entsprechend höhere Feldstärken, während diamagnetische Stoffe eine negative Suszeptibilität besitzen und nicht magnetisierbar sind. Hochlegierte Stähle zeigen je nach Legierungsgehalt und Gefüge nur eine geringe bis gar keine Magnetisierbarkeit, wodurch ihre Abtrennung erschwert ist. Grundsätzlich wird zwischen der Schwachfeldscheidung mit magnetischen Flussdichten < 0,1 Tesla für stark magnetische Stoffe, und der Starkfeldscheidung mit Flussdichten > 0,1 Tesla für schwach magnetische Stoffe, unterschieden.

Zur Abtrennung von Nichteisenmetallen wurde in den Versuchen auf die Wirbelstromsortierung zurückgegriffen. Diese beruht auf Unterschieden in der elektrischen Leitfähigkeit von Materialien und wird zur Abtrennung von Metallen wie Aluminium oder Kupfer eingesetzt. Grundlage des Verfahrens sind zeitlich veränderliche Magnetfelder, die durch entsprechende Aggregate erzeugt werden. Der zu trennende Gutstrom wird, beispielsweise mit Förderbändern, durch diese Magnetfelder hindurchtransportiert, sodass auf elektrisch leitfähige Partikel zeitlich und örtlich veränderliche Magnetfelder einwirken. Dadurch kommt es in diesen Partikeln zur Induktion elektrischer Wirbelströme. Diese Ströme erzeugen wiederum ein eigenes Magnetfeld, das gemäß der Lenz'schen Regel dem äußeren Feld entgegengerichtet ist. Daraus resultiert eine abstoßende Kraftkomponente aus dem Gutstrom heraus, die auf elektrisch leitfähige Partikel einwirkt. Auf nicht leitfähige Partikel wirkt keine zusätzliche Kraftkomponente. Die Trennung basiert auf dem Verhältnis von Leitfähigkeit zu Dichte.

Vor der Entmetallisierung wurde die gesamte Feststofffraktion getrocknet. Dabei konnte beobachtet werden, dass sich im Verlauf der Trocknung Feinanteile im Korngrößenbereich < 1 mm freisetzen (Erklärung siehe Abschn. 4.1). Um die Aussagekraft der Resultate zu erhöhen, erfolgte eine erneute Abtrennung des Feinanteils < 1 mm vor der Entmetallisierung, um die Versuche für die Teilströme < 1 mm und > 1 mm separat in analoger Form durchzuführen.

Gemäß Abb. 3.1 liegen nach der Entmetallisierung folgende Produktströme vor:

4. Eisenschrott 0|1 mm,
5. Restfraktion 0|1 mm,
6. Eisenschrott 1|150 mm,
7. Restfraktion 1|150 mm und
8. NE-Metalle 1|150 mm.

Die Bestimmung der oberen Korngrößengrenze zu 150 mm erfolgte im Zuge der makroskopischen Charakterisierung durch Messen und ist in Abschn. 4.2 beschrieben. Bei den Fraktionen „Eisenschrott 0|1 mm", „Eisenschrott 1|150 mm" und „NE-Metalle 1|150 mm" handelt es sich um selektiv ausgetragene Konzentrate aus Magnetscheidung und Wirbelstromsortierung. Diesen Fraktionen können definierte physikalische Merkmalsklassen zugeordnet werden. Im Zuge der Merkmalsklassenanalyse wurden diese makroskopisch charakterisiert (vgl. Abschn. 3.5). Materialien im Korngrößenbereich < 1 mm erfuhren zusätzlich eine chemische Analyse gemäß Abschn. 3.6.

Die Restfraktion im Korngrößenbereich 1|150 mm („Restfraktion 1|150 mm") stellt aufgrund des stark heterogenen Charakters keinen distinkten Teilstrom. Daher erfolgte eine weitergehende Fraktionierung durch händische Sortierung in die Stoffgruppen *Steine*, *Metall*, *Kunststoffe*, *Holz/Papier*, *Lacksplitter*, *Glas* sowie *Sonstige/Verwachsen*. Im Korngrößenbereich < 1 mm wurde die händische Sortierung unter dem Mikroskop durchgeführt. Während die mitgeführten Massenbilanzen die Basis für die quantitative Auswertung der Sortierergebnisse bildeten, fand die makroskopische Charakterisierung gemäß Abschn. 3.5 zur Erhebung ergänzender qualitativer Aussagen Anwendung.

3.3 Mechanische Behandlung Schlammfraktion

Die Schlammfraktion entsteht durch Entwässerung aus der Trübe des Läuterprozesses und liegt im Korngrößenbereich 0|1 mm. Die weitere Fraktionierung erfolgte durch Dichtesortierung.

Dichtesortierung im Feinkornbereich stellt eine verfahrenstechnische Herausforderung dar, da kohäsive Kräfte zwischen den Partikeln mit abnehmender Korngröße zunehmen. Dies führt dazu, dass Partikel zur Schwebehaltung neigen und sich Dichtedifferenzen allein durch gravitative Prozesse nicht mehr effektiv nutzen lassen. Zur Feinkorndichtesortierung stehen in der Aufbereitungstechnik spezialisierte Verfahren zur Verfügung, die den eingeschränkten Einfluss der Gravitation durch zusätzliche, gerichtete Anregungs- und Strömungsimpulse kompensieren. Hierzu zählen insbesondere die Herd- und Rinnenarbeit, die durch periodisch wirkende Stöße pulsierende Strömungen erzeugen. In den vorliegenden Untersuchungen wurde zur Fraktionierung der Schlammfraktion ein Querstoßherd eingesetzt.

Die Trennwirkung des Querstoßherdes beruht auf dem physikalischen Effekt, dass Körner variabler Dichte und Größe in einer strömenden, dünnen Wasserschicht über eine geneigte Ebene Unterschiede in der Schleppgeschwindigkeit zeigen, solange sie mit dem Boden in Kontakt stehen und daraus Reibungskräfte resultieren. Querstoßherde werden über einen Kurbelantrieb quer zum Wasserfluss beschleunigt. Die Körner erfahren eine gerichtete Beschleunigung und werden quer zum Wasserstrom transportiert. Je kleiner und schwerer diese sind, desto größer ist der Einfluss der Querbeschleunigung im Vergleich zur Schleppkraft und umso weiter werden die Körner auf der Herdfläche transportiert (Schubert 1967).

Der in den Versuchen eingesetzte rechteckige Querstoßherd ermöglicht eine Trennung in vier Teilströme. Die Abgänge Berge, Vorkonzentrat 1 und Vorkonzentrat 2 werden an der unteren Längsseite abgezogen, wobei die Qualität (Anteil an Konzentrat in jeweiligen Abgangsstrom) vom Bergeaustrag bis zu

Vorkonzentrat 2 zunimmt. Die Vorkonzentrate können durch erneute Aufgabe nachbehandelt werden. Der Austrag des Konzentrates erfolgt gegenüber des Aufgabepunktes.

Die folgenden erstellten Fraktionen wurden allesamt durch Dekantieren aus der flüssigen Phase abgetrennt, entwässert und anschließend makroskopisch charakterisiert, mikroskopisch untersucht und chemisch analysiert (vgl. Abschn. 4.3):

9. Berge,
10. Vorkonzentrat 1,
11. Vorkonzentrat 2 und
12. Konzentrat.

Durch die mechanische Fraktionierung des Scherensand-Ausgangsmaterials sind in Summe zwölf Fraktionen entstanden, von denen neun den in Abb. 3.1 dargestellten Produktströmen entsprechen und tiefergehend charakterisiert wurden. Diese bilden die Grundlage für die Charakterisierung des Scherensand-Ausgangsmaterials im Rahmen des Bottom-up-Charakterisierungsansatzes.

3.4 Massenbilanzen und Transferkoeffizienten

Die quantitativen Aussagen basieren auf einer vollständigen Massenbilanzierung sämtlicher im Zuge der Fraktionierung erzeugten Teilströme. Die Prozessführung der Fraktionierung erfolgte sowohl in trockener als auch teilweise in nasser Prozessführung. Für eine aussagekräftige Bottom-up-Charakterisierung müssen sämtliche Massenausbringenswerte auf den Zustand des Scherensand-Ausgangsmaterials bezogen werden. Es wurden alle erzeugten Teilströme vor der Gewichtsbestimmung getrocknet. Bei der Trocknung wurde besonderes Augenmerk auf ein Vorgehen gemäß ÖNORM EN 14346 gelegt (Austrian Standards International 2007). Die Teilströme wurden hierzu im Trockenschrank bei 105 °C über einen Zeitraum von 48 h bis zur Massenkonstanz getrocknet. Auf dieser Grundlage lassen sich die Massenwerte um den jeweiligen Wassergehalt korrigieren und auf die Ausgangsfeuchte des ursprünglichen Scherensand-Ausgangsmaterials beziehen.

Die Beurteilung des Trennerfolges wurde anhand von berechneten Transferkoeffizienten vorgenommen. Diese apparatespezifischen Kennwerte beschreiben den prozentualen Anteil des Aufgabegutstroms, der im betrachteten Trennschritt in einen definierten Produktstrom überführt wird. Er ergibt sich somit aus dem Verhältnis der Masse dieses Produktstroms zur Masse des zugehörigen Aufgabestroms. Transferkoeffizienten beziehen sich auf die Verteilung des gesamten

Massenstroms im Trennprozess und sind nicht mit dem Inhaltsausbringen gleichzusetzen.

In Verbindung mit der makroskopischen Charakterisierung der erzeugten Teilströme lassen sich aus den Transferkoeffizienten Aussagen über die Selektivität eines Trennprozesses sowie über die Effizienz der eingesetzten Trennaggregate ableiten.

Durch die Massenbilanzierung in Bezug auf die Originalsubstanz sowie der darauf aufbauenden Berechnung von Transferkoeffizienten ist die herangezogene Methodik der Merkmalsklassenanalyse in zweifacher Hinsicht abgesichert. Erstens gelten durch die Transferkoeffizienten die zur Fraktionierung eingesetzten Trennprozesse und Aggregate als validiert. Zweitens ergeben sich durch diesen Ansatz sowohl materialspezifische als auch apparatespezifische Kennzahlen, die in Zusammenschau mit der makroskopischen Charakterisierung eine breite Datenbasis für eine qualitative und quantitative Beschreibung des Phasenbestandes gewährleisten.

3.5 Makroskopische Charakterisierung

Die makroskopische Charakterisierung der distinkten Teilströme bildet die methodische Grundlage für die Erhebung qualitativer Ergebnisse. Stoffströme werden dabei hinsichtlich ihrer makroskopischen Erscheinung sowie erkennbarer Eigenschaften beschrieben. Die visuelle Erscheinung einer Fraktion ist unmittelbar vom Trennprozess abhängig, durch den diese erzeugt wird. Im Mittelpunkt stehen sichtbare Unterschiede in Gestalt, stofflicher Zusammensetzung und Phasenbestand. Da die Fraktionierung in den gegenständlichen Untersuchungen auf Grundlage physikalischer Merkmalsunterschiede erfolgte, lassen sich diese Merkmale direkt im Rahmen der makroskopischen Charakterisierung erfassen. Die Methode liefert ein konsistentes und anschauliches Bild der Materialbeschaffenheit der jeweiligen Teilströme.

Durch die Verknüpfung qualitativer Beobachtungen mit den quantitativen Ergebnissen der Massenbilanzierung – insbesondere den Massenausbringenswerten und den Transferkoeffizienten – kann aus der Merkmalsklassenanalyse ein umfassendes Gesamtbild des untersuchten Materials abgeleitet werden.

Die Validierung der makroskopischen Charakterisierung erfolgt durch die Darstellung von Inhaltsbilanzen. Die Berechnung von Inhaltsausbringenswerten basiert auf einer mathematischen Verknüpfung von Massenausbringenswerten und Gehaltswerten (Schubert 1988):

$$rij = \frac{rmj * gij}{gia} * 100[\%]$$

r_{ij}	Inhaltsausbringen Komponente i in Produkt j
r_{mj}	Massenausbringen an Produkt j
g_{ij}	Gehalt von Komponente i in Produkt j
g_{ia}	Gehalt von Komponente i in der Aufgabe a

Der Gehalt der Komponente *i* im Produkt *j* bezeichnet den Anteil einer spezifischen Komponente (z. B. NE-Metall) innerhalb einer definierten Merkmalsklasse (z. B. Korngrößenklasse 1|13 mm). Der Gehalt der Komponente *i* im Aufgabematerial *a* gibt den Anteil dieser Komponente (z. B. NE-Metall) im gesamten Inputmaterial (z. B. Scherensand-Ausgangsmaterial) an. Das Inhaltsausbringen wiederum gibt an, welcher Anteil einer Komponente *i* (z. B. NE-Metall) durch die mechanische Behandlung aus dem Aufgabematerial *a* (z. B. Scherensand-Ausgangsm aterial) in eine bestimmte Produktklasse *j* (z. B. Korngrößenklasse 1|13 mm) überführt wird.

Im Korngrößenbereich < 1 mm stößt die makroskopische Charakterisierung aufgrund der geringen Partikelgröße an ihre Grenzen. Um die Aussagekraft der visuellen Untersuchungen in ebendiesem Korngrößenbereich zu erhöhen, wurden ausgewählte Teilströme („Eisenschrott 0|1 mm" und „Restfraktion 0|1 mm") unter einem optischen Mikroskop betrachtet. Zusätzlich wurden für diese feinen Materialien chemische Analysen durchgeführt (siehe Abschn. 3.6).

3.6 Chemische Analytik

Aufgrund der begrenzten Möglichkeiten der makroskopischen Charakterisierung im Korngrößenbereich < 1 mm erfolgte für diese Materialien zusätzlich eine chemische Analyse. Dadurch können Aussagen zu Anreicherungs- und Verarmungstendenzen von Wert- und Schadstoffen getroffen werden, die wesentliche Erkenntnisse zur Bewertung von Wertstoffpotentialen darstellen.

Die chemischen Analysen der Feinanteile aus den Feststofffraktionen im Korngrößenbereich < 1 mm („Eisenschrott 0|1 mm" und „Restfraktion 0|1 mm") erfolgten gemäß den diesbezüglichen Normen und Standards. Der chemische Aufschluss orientierte sich an ÖNORM EN 13656:2021-05 (Methode B) (Austrian Standards

International 2021a). Die Bestimmung des Aschegehaltes erfolgte bei einer Temperatur von 550 °C gemäß ÖNORM EN ISO 21656:2021-08 (Austrian Standards International 2021b), von Brennwert und Heizwert gemäß DIN 51900-1:2000-04 (Austrian Standards International 2000) und jene des gesamtorganischen Kohlenstoffs (TOC), entsprechend der ÖNORM EN 15936 (Austrian Standards International 2022), mittels Shimadzu TOC-L Analysator. Folgende Elemente wurden mittels Massenspektrometrie mit induktiv gekoppeltem Plasma (ICP-MS 7500ce von Agilent) in Anlehnung an ÖNORM EN ISO 17294:2017-01 (Austrian Standards International 2017) gemessen: Eisen (Fe), Zink (Zn), Aluminium (Al), Mangan (Mn), Chrom (Cr), Blei (Pb), Kupfer (Cu), Nickel (Ni), Molybdän (Mo), Zinn (Sn), Wolfram (W), Silber (Ag) und Calcium (Ca). Silizium (Si) wurde mittels optischer Emissionsspektrometrie mit induktiv gekoppeltem Plasma (ICP-OES) gemessen. Es kam ein ICP-OES vom Typ Vista MPX (Varian) zum Einsatz, wobei die Analysen in Anlehnung an DIN EN ISO 11885:2009 (Austrian Standards International 2009) erfolgten.

Die Analyse aller in den Herdversuchen erstellten Fraktionen erfolgte semiquantitativ durch Röntgenfluoreszenzanalyse (XRF), unter Einsatz eines S1 TITAN 800 (Bruker Nano GmbH) mit dem Messmodus „Alloys 2", wobei die pulverförmigen Proben in XRF-Probenbechern analysiert wurden. Mittels XRF-Messung wurden die Elemente Al, Si, Phosphor (P), Titan (Ti), Vanadium (V), Cr, Mn, Fe, Kobalt (Co), Ni, Cu, Arsen (As), Zirkonium (Zr), Niob (Nb), Mo, Sn, W und Pb bestimmt. Das für die visuelle Untersuchungen im Korngrößenbereich < 1 mm herangezogene Digitalmikroskop KEYENCE VHX-X1 verfügt über eine integrierte Einheit zur laserinduzierten Plasmaspektroskopie (LIPS). Dadurch können für einzelne, ausgewählte Partikel rasch semiquantitative Punktanalysen durchgeführt und Aussagen zu Bestandteilen und chemischer Zusammensetzung getroffen werden.

4 Beschreibung der Material- und Stoffbilder

Im folgenden Kapitel werden sämtliche, im Zuge der Merkmalsklassenanalyse erhobenen Ergebnisse dargestellt und aus den Teilbefunden eine kohärente Gesamtdarstellung von Material- und Stoffbildern abgeleitet.

Der erste Abschnitt (Abschn. 4.1) präsentiert die Ergebnisse der Massenbilanzierung und daraus berechneter Transferkoeffizienten. Diese Werte sind wassergehaltskorrigiert und auf die Originalsubstanz (OS) des Scherensand-Ausgangsmaterials bezogen.

In Abschn. 4.2 folgt die Darstellung der qualitativen Resultate aus der makroskopischen Charakterisierung, während in Abschn. 4.3 die Ergebnisse der chemischen und mikroskopischen Analysen dargestellt werden. Analog zu den methodischen Rahmenbedingungen der Versuchsdurchführung erfolgt die Ergebnisdarstellung für die Produktströme (gemäß Abb. 3.1) getrennt nach Grobkorn- (> 1 mm) und Feinkornfraktionen (< 1 mm).

Abschn. 4.4 führt schließlich alle erhobenen quantitativen und qualitativen Ergebnisse über sämtliche Teilströme hinweg zusammen und leitet daraus die Bottom-up-Charakterisierung des Scherensand-Ausgangsmaterials ab. Durch die Synthese sämtlicher Merkmalsklassen entsteht ein umfassendes, konsistentes Materialbild, das den untersuchten Scherensand in seiner Gesamtheit beschreibt.

Auf Grundlage dieser ganzheitlichen Charakterisierung kann in weiterer Folge das Sekundärrohstoffpotenzial von Scherensanden erhoben und eine fundierte Abschätzung jener Materialanteile getroffen werden, die für eine Rückführung in Wertstoffkreisläufe – insbesondere vor dem Hintergrund der Transformation der Stahlindustrie – relevant sind.

P. Demschar et al., *Scherensand – Ressource für die Stahlindustrie*, essentials, https://doi.org/10.1007/978-3-658-52326-8_4

4.1 Stoffliche Verteilung durch Fraktionierung

Die vollständige Massenbilanzierung des untersuchten Scherensand-Ausgangsmaterials ist in Abb. 4.1 als Flussdiagramm dargestellt. Darin sind sämtliche Teilströme, die im Zuge der Fraktionierung entstanden sind, bilanziert. Die farbliche Markierung ist in Übereinstimmung mit jener in Abb. 3.1 und ermöglicht eine einheitliche Systematik (siehe auch Kap. 3). Neben zwei trocknungsbedingten

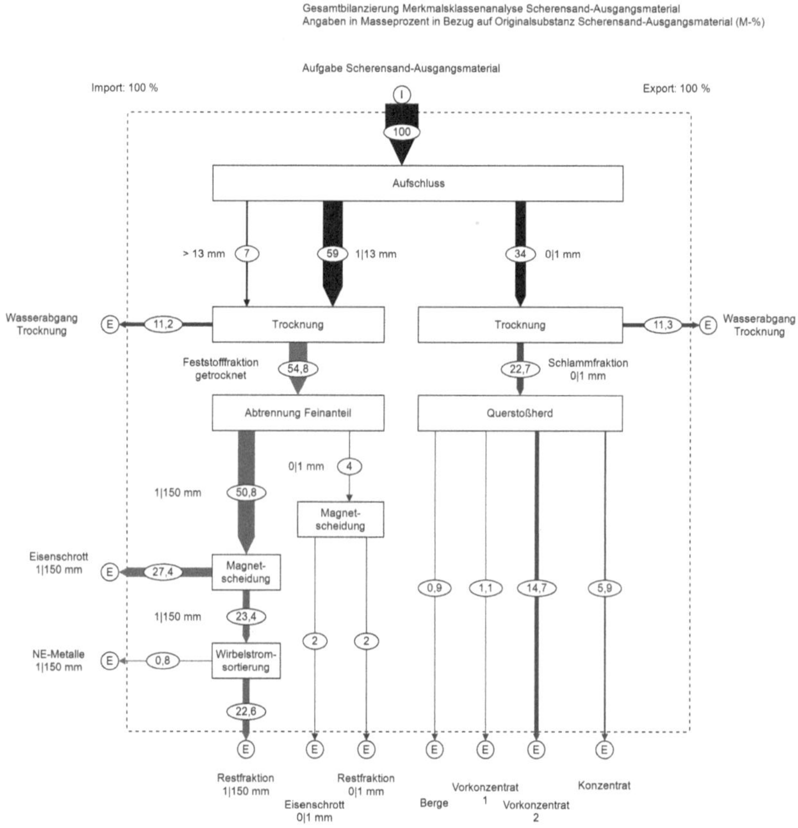

Abb. 4.1 Vollständiges Flussdiagramm der im Zuge der Merkmalsklassenanalyse durchgeführten Fraktionierung. Die Werte verstehen sich als Masseprozent in Bezug auf die Originalsubstanz des Scherensand-Ausgangsmaterials (M-%). Die Farbcodierung der Teilströme entspricht jener in Abb. 3.1

Wasserabgängen treten neun Produktströme aus dem Bilanzraum aus, welche charakterisiert wurden.

Den ersten Behandlungsschritt stellt der Aufschluss dar. Die Materialaufgabe erfolgt über einen starren Rost mit einer Maschenweite von 13 mm um grobe, bereits als Monopartikel vorliegende Bestandteile wie Schrauben und Bolzen bereits vorab abzutrennen und nicht in die attritive Behandlung mitzuführen. Der so abgeschiedene Anteil mit einer unteren Korngröße von 13 mm beträgt 7 M-% und besteht überwiegend aus massiven Metallteilen, dünnwandigen Blechen und Hartkunststoffen. Der Aufschlussgrad in diesem Teilstrom liegt bei 100 %.

Material im Korngrößenbereich < 13 mm fällt durch den starren Aufgaberost hindurch und erfährt eine mechanische Dispergierung in nasser Prozessführung. Die Feststoffbestandteile weisen eine deutlich höhere Dichte als Wasser auf und sedimentieren zu Boden. Durch die Rührbewegung eingebrachte Scher- und Mischströmungen können dem Absetzen nicht entgegenwirken und es bildet sich ein kompaktes Feststoffbett im Rührbottich. Ausgetragen wird dieses durch Ausschlämmen auf ein Entwässerungssieb mit einer Maschenweite von 1 mm. Dadurch kommt es zu einer Zweiteilung: Es entstehen eine Trübe im Unterlauf (0|1 mm) und eine entwässerte Feststofffraktion im Überlauf („Feststofffraktion 1|13 mm").

Das Massenausbringen in den Überlauf beträgt 59 M-% bei einem Transferkoeffizienten von 63,4 % und einem Wassergehalt vor Trocknung von 19 M-%. Die makroskopische Charakterisierung zeigt, dass es sich dabei um ein stark heterogenes Materialgemisch mit einer Vielzahl an Komponenten, wie Metallen, Glas, Kunststoffen, Holz, Steinen und Lackfragmenten, handelt.

Der Unterlauf besteht aus einer Mischung aus Waschwasser und feinkörnigem Schlamm (< 1 mm). Das Massenausbringen der resultierenden Schlammfraktion 0|1 mm beträgt 34 M-% bei einem Transferkoeffizienten von 36,6 % und einem Wassergehalt vor Trocknung von 33 M-%. Während der Sedimentation bildet sich auf der Oberfläche des Waschwassers ein mehrfarbig schillernder Film aus. Dieses Phänomen deutet auf das Vorhandensein von Kohlenwasserstoffverbindungen hin.

Die weitere mechanische Fraktionierung der Feststoffströme erfolgte im trockenen Zustand. Die Schlammfraktion hingegen wurde direkt im nassen Zustand auf den Querstoßherd aufgegeben. In Abb. 4.1 ist der Gesamtprozess in vereinfachter Form dargestellt, wobei die Schlammfraktion vor der Aufgabe auf den Querstoßherd entwässert wird. Dies dient ausschließlich der besseren Nachvollziehbarkeit und hat keinen Einfluss auf die ausgewiesenen Ergebnisse.

Für die Feststofffraktionen wurden nach der Trocknung jeweils die Korngrößenverteilung und der Aufschlussgrad bestimmt. Letzterer konnte in sämtlichen Feststofffraktionen zu 100 % erhoben werden, was die Eignung des gewählten Aufschlussverfahrens bestätigt. Durch Ermittlung der Korngrößenverteilung wurde ein

Anteil von 6,4 M-% an der Korngrößenklasse 0|1 mm festgestellt, obwohl ebenjener Anteil bereits vor der Trocknung am Entwässerungssieb abgetrennt wurde. Dieser Feinanteil entsteht während der Trocknung, indem feine Partikel, die im feuchten Zustand aufgrund kapillarer und adhäsiver Kräfte an gröberen Körnern haften, freigesetzt werden. Die durch Wasserfilme ausgebildeten interstitiellen Kräfte lösen sich in der Trocknung auf.

Um die Systematik der Charakterisierung konsistent weiterzuführen, erfolgte die tiefergehende Fraktionierung der Feststofffraktionen getrennt in Feinkornanteil (< 1 mm) und Grobkornanteil (> 1 mm). Die weitere mechanische Behandlung teilt sich demnach in drei Wege auf:

1. Die Magnetabscheidung der Feststoff-Fraktion 1|150 mm erzeugt mit einem Transferkoeffizienten von 54 % die Fraktion „Eisenschrott 1|150 mm" mit einer Reinheit von 99 %. In Bezug auf das Scherensand-Ausgangsmaterial entspricht dies einem Massenausbringen von 27,4 M-%. Eine anschließende Wirbelstromsortierung ergab einen Transferkoeffizienten von 3 % in die Fraktion „NE-Metalle 1|150 mm", was einem Massenausbringen von 0,8 M-% entspricht. Im Umfang von 22,6 M-% entsteht die „Restfraktion 1|150 mm".
2. Für die „Feststoff-Fraktion 0|1 mm" ergibt die Magnetscheidung einen Transferkoeffizienten von 48,8 % in das Magnetprodukt. Diese entspricht einem Massenausbringen von 2 M-%. Die nichtmagnetische Restfraktion ist weitgehend frei von rotem Staub und besteht aus Holz- und Lackpartikeln sowie mineralischen Bestandteilen wie Glas, Keramik und Steinen.
3. Die Schlammfraktion wird einer weiterführenden Behandlung am Querstoßherd unterzogen. Die ermittelten Transferkoeffizienten betragen 4 % für die „Berge", 4,6 % für das „Vorkonzentrat 1", 65,4 % für das „Vorkonzentrat 2" sowie 26,1 % für das „Konzentrat". Bezogen auf die Originalsubstanz des Scherensand-Ausgangsmaterials entspricht dies Massenausbringenswerten von 0,9 M-% für die „Berge", 1,1 M-% für „Vorkonzentrat 1", 14,7 M-% für „Vorkonzentrat 2" sowie 5,9 M-% für das „Konzentrat".

4.2 Charakterisierung Grobfraktionen (> 1 mm)

Die Feststoff-Fraktionen mit einer Korngröße > 1 mm stellen die Grobfraktionen dar, und wurden entsprechend der diesbezüglichen Vorgehenswiese gemäß Abschn. 3.5 makroskopisch charakterisiert. Aufschlussgrade von 100 % bestätigen, dass das Material nach der attritiven Behandlung vollständig aufgeschlossen

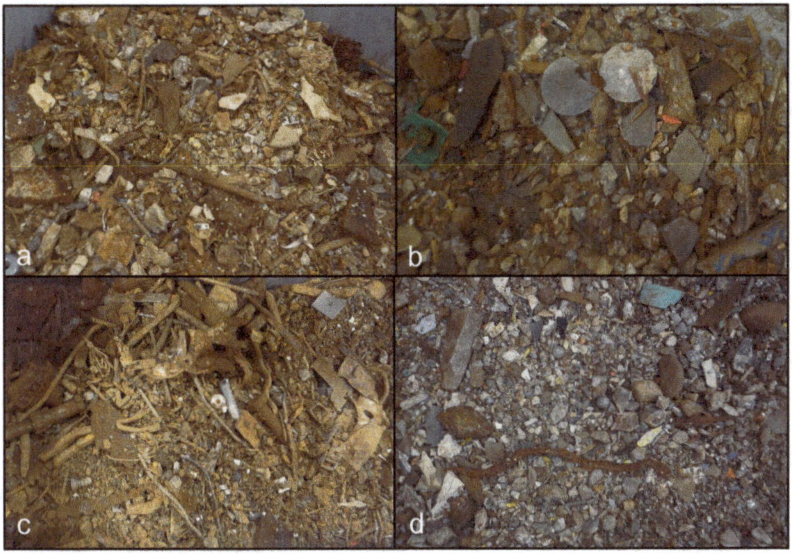

Abb. 4.2 Die Produktströme für die makroskopische Charakterisierung im Bereich der Grobfraktionen (> 1 mm). (**a**) Feststofffraktion gesamt nach Trocknung und vor mechanischer Fraktionierung im Korngrößenbereich 1|150 mm; (**b**) „NE-Metallfraktion 1|150 mm"; (**c**) „Eisenschrott 1|50 mm"; (**d**) „Restfraktion 1|150 mm"

und für eine Charakterisierung auf Partikelebene geeignet ist. Das vollständig aufgeschlossene Material nach Trocknung und vor der mechanischen Fraktionierung ist in Abb. 4.2a ersichtlich. Die obere Korngröße von 150 mm ist durch dünne, elongierte metallische Bestandteile bestimmt. Solche sind Blitzschutzdrähte oder Bewehrungsstäbe mit Dicken von 2–6 mm und Längen von bis zu 150 mm. Die Ergebnisdarstellung aus der makroskopischen Charakterisierung erfolgt im Folgenden für jeden Teilstrom separat. Sämtliche Fraktionen sind in Abb. 4.2 dargestellt.

4.2.1 Eisenschrott 1|150 mm

Bei der händischen Sortieranalyse der Fraktion „Eisenschrott 1|150 mm" konnten keine Partikel der Kategorie *verwachsen* identifiziert werden, was einem Aufschlussgrad von 100 % entspricht. Diese Sortieranalyse ergab darüber hinaus einen metallischen Anteil und damit eine Reinheit in Bezug auf metallische Komponenten von 98,5 %, womit zugleich die hohe Trenneffizienz sowie die apparative Eignung des eingesetzten Schwachfeldmagnetscheiders bestätigt werden. Die Magnetscheidung erfolgte demnach zuverlässig und die im Rahmen der Merkmalsklassenanalyse getroffenen Aussagen zu Massenverteilung, Transferkoeffizienten und makroskopischer Charakterisierung erfolgen auf belastbarer Grundlage.

Das Erscheinungsbild dieser Fraktion ist in Abb. 4.2c dargestellt. Es handelt sich dabei um eine typische Eisenschrottfraktion, die aus einer Vielzahl unterschiedlich geformter metallischer Partikel besteht. Neben großformatigen Stahlteilen liegen insbesondere Schrauben, Nägel, Bolzen, plattige Partikel, Gitter, Formteile sowie Späne und sonstige Rückstände aus spanabhebenden Fertigungsprozessen vor.

Die Korngrößenverteilung zeigt eine deutlich linksschiefe Verteilung zugunsten des unteren Korngrößenbereichs. Rund 77 M-% des Materials entfallen auf die Korngrößenklassen 1|4 mm und 4|14 mm. Die Sieblinie verläuft im Feinbereich vergleichsweise steil: Bereits bei 4 mm beträgt der Durchgang etwa 45 M-%, während rund 85 M-% des Materials < 14 mm sind. Der Mediankorndurchmesser (D50) liegt leicht über 4 mm, während das Größtkorn eine Korngröße von 150 mm erreicht.

Diese Verteilung verdeutlicht, dass die Fraktion überwiegend aus feinen, vollständig vereinzelten und zu 98,5 % metallischen Monopartikeln besteht, was auf eine gute Zugänglichkeit für nachgelagerte metallurgische Verwertungswege schließen lässt. Mit einem Massenausbringen von 27,4 M-% bezogen auf das Scherensand-Ausgangsmaterial stellt die Fraktion „Eisenschrott 1|150 mm" zugleich den massenmäßig größten Teilstrom innerhalb der gesamten Merkmalsklassenanalyse und damit auch den Hauptbestandteil von Scherensanden dar.

Aufgrund ihres klar erkennbaren metallischen Charakters und der hohen Reinheit in Bezug auf enthaltene Materialkomponenten weist diese Fraktion abnahmesichernde Eigenschaften auf und kann direkt dem Schrottmarkt zugeführt werden. Dass es sich dabei um den massenmäßig größten Teilstrom handelt, unterstreicht die Eignung von Scherensanden als Quelle für sekundäre Rohstoffe der Stahlindustrie und verdeutlicht deren Relevanz als strategische Ressource.

4.2.2 NE-Metalle 1|150 mm

Für die Wirbelstromsortierung wurde ein exzentrischer Polradscheider herangezogen. Dabei konnte eine Fraktion „NE-Metalle 1|150 mm" im Umfang von 0,8 M-% bezogen auf das Scherensand-Ausgangsmaterial abgetrennt werden. Die Fraktion ist in Abb. 4.2b dargestellt.

Makroskopisch besteht diese Fraktion überwiegend aus plattigen Partikeln, wobei kein eindeutiger metallischer Charakter erkennbar ist. Bei den eindeutig identifizierbaren metallischen Komponenten handelt es sich überwiegend um Aluminium.

Obwohl Nichteisenmetalle grundsätzlich einen höheren spezifischen Materialwert aufweisen als Eisenmetalle, zeigt das im Rahmen der Versuche ermittelte Massenausbringen von lediglich 0,8 M-%, dass diese Metalle im Scherensand nur eine untergeordnete Rolle spielen. Nichteisenmetalle werden in der Schrottaufbereitung bereits in vorgelagerten Prozessstufen erfasst und abgeschieden und gehen daher nur in geringem Umfang in den Scherensand über. Aufgrund des geringen Anteiles an Nichteisenmetallen hat diese Komponente keinen signifikanten Einfluss auf die Gesamtbetrachtung des Scherensand-Ausgangsmaterials. Daher wurde auf eine weiterführende Betrachtung der Fraktion „NE-Metalle 1|150 mm" verzichtet.

4.2.3 Restfraktion 1|150 mm

Die „Restfraktion 1|150 mm" zeigt eine stark heterogene Zusammensetzung. Die Ausgangsfraktion vor der händischen Sortierung ist in Abb. 4.2d zu sehen, die durch händische Sortierung erzeugten Komponenten sind in Abb. 4.3 ersichtlich. Die dominierende Komponente stellen Steine mit 72,9 M-% dar, gefolgt von Kunststoffen (7,8 M-%), Lackpartikeln (6,0 M-%), Metallen (5,7 M-%), Glas (5,3 M-%) sowie Holz und Papier (2,2 M-%).

Abb. 4.3 Komponenten der „Restfraktion 1|150 mm". (**a**) Steine; (**b**) Metalle; (**c**) Kunststoffe; (**d**) Holz und Papier; (**e**) Lacksplitter; (**f**) Glas

Bei Betrachtung der Verteilung dieser Komponenten innerhalb der für die händische Sortierung erstellten Korngrößenklassen, lassen sich deutliche Anreicherungstendenzen erkennen: In der Korngrößenklasse 4|14 mm finden sich überwiegend Lackpartikel (69,6 M-%) und metallische Komponenten (62,5 M-%), während sich Steine (51,1 M-%), Glas (44,5 M-%) sowie Holz und Papier (41,9 M-%) in der feineren Korngrößenklasse 1|4 mm anreichern. Lediglich 11,2 M-% der gesamten „Restfraktion 1|150 mm" liegen im Korngrößenbereich > 14 mm. Signifikante Anreicherungstendenzen sind ebendort nicht zu beobachten.

Aus diesen Ergebnissen lassen sich potenzielle Verwertungsoptionen ableiten: Metalle und Glas eignen sich grundsätzlich für ein stoffliches Recycling, während mineralische Bestandteile, insbesondere Steine, je nach Beschaffenheit für Recyclingbaustoffe nutzbar sein könnten. Für Holz-, Papier- und Lackpartikel bietet sich primär eine thermische Verwertung zur Rückgewinnung des Energieinhaltes an. Aufgrund der diffusen Verteilung über sämtliche Korngrößenklassen hinweg ist eine Zweiteilung des Stoffstroms in einen Teilstrom für das stoffliche Recycling und einen zweiten für die thermische Verwertung durch Klassierung nicht zielführend. Es sind auch hierzu vertiefende Sortierverfahren anzuwenden. Eine solche vertiefende Sortierung entspricht prinzipiell den Grundprinzipien der Kreislaufwirtschaft. Es könnten dadurch sowohl stoffliche als auch energetische Nutzungspotenziale systematisch erschlossen werden und eine optimale Nutzung wäre möglich. Die ökonomische Zweckmäßigkeit einer solchen weiterführenden Behandlung ist maßgeblich von systemisch abfallwirtschaftlichen Überlegungen beeinflusst. Diese werden in Kap. 5 dieses Buches kurz umrissen.

Es ist zu berücksichtigen, dass die Zusammensetzung der Restfraktionen betriebs- und standortspezifisch stark variieren kann. Diese Variation ist in den Restfraktionen am stärksten ausgeprägt, da ihre Entstehung nicht wie bei Eisenschrott (Magnetisierbarkeit) und NE-Metallen (im weitesten Sinne elektrische Leitfähigkeit) auf definierte physikalische Merkmale zurückzuführen ist. Demnach gilt der Leitsatz, dass alles, was in Scherensanden und Schrottplatzkehrichten enthalten sein kann und nicht im Zuge der mechanischen Behandlung selektiv ausgetragen wird, in der Restfraktion auch enthalten ist. Aus diesem Grund ist es nicht möglich, eine seriöse allgemeingültige Verwertungseinschätzung abzugeben.

4.3 Charakterisierung Feinfraktionen (< 1 mm)

Die Fraktionen „Eisenschrott 0|1 mm" und „Restfraktion 0|1 mm" wurden hinsichtlich identischer stofflicher und energetischer Parameter charakterisiert, um die direkte Vergleichbarkeit sicherzustellen.

Vorversuche mit Handmagneten zeigten, dass das gesamte Material der Korngrößenklasse 0|1 mm eine ausgeprägte Magnetisierbarkeit aufweist, obwohl der tatsächlich metallische Anteil lediglich 5,7 % beträgt. Dieses Verhalten ist dadurch begründet, dass magnetisierbare Feinpartikel an nichtmagnetischen Körnern anhaften. Der zugrunde liegende Mechanismus ist auf mechanische Beanspruchungen im Schneideprozess zurückzuführen. Im Schneidespalt herrschen zwischen Messerklinge und Zerkleinerungsgut hohe lokale Kräfte, wodurch sich feinste ferromagnetische Abriebpartikel an den jeweiligen Partikeloberflächen anlagern. Als Folge dieser Anhaftungen erlangt prinzipiell nicht magnetisierbares Material eine magnetische Reaktionsfähigkeit. Für eine trennscharfe Magnetscheidung müssen die aufgegebenen Korngrößenspannen möglichst gering sein, die Korngrößenklassen demnach möglichst eng. Durch eine separate Behandlung der Korngrößenklasse 0|1 mm ist dies gewährleistet.

Neben der chemischen Zusammensetzung wurden auch der TOC-Gehalt sowie der Heizwert bestimmt. Die Ergebnisse sind zur übersichtlichen Gegenüberstellung in Tab. 4.1 zusammengefasst. Eine vertiefte Analyse und Interpretation der jeweiligen Eigenschaften erfolgt getrennt in den nachfolgenden Unterkapiteln.

Tab. 4.1 Elementkonzentrationen, Brennwert, Heizwert und TOC der Fraktionen „Eisenschrott 0|1 mm" und „Restfraktion 0|1 mm". OS bezieht sich auf die Originalsubstanz des Scherensand-Ausgangsmaterials, als Trockensubstanz (TS) hingegen sind die Fraktionen jeweils im bis zur Massenkonstanz getrockneten Zustand zu verstehen

Element	Eisenschrott 0|1 mm [mg/kg]	Restfraktion 0|1 mm [mg/kg]
Fe	336.000	89.100
Zn	19.500	32.800
Al	8900	21.600
Mn	2950	1190
Cr	2780	740
Pb	2330	3820
Cu	1370	2010
Ni	1110	400
Mo	220	59
Sn	120	110
W	86	85
Ag	< 2,5	4,7
Si	40.200	166.000
Ca	20.600	44.300
	Eisenschrott 0|1 mm [kJ/kg OS]	Restfraktion 0|1 mm [kJ/kg OS]
Heizwert	200	460
	Eisenschrott 0|1 mm [%-C TS]	Restfraktion 0|1 mm [%-C TS]
TOC	2,95	6,52

4.3.1 Eisenschrott 0|1 mm

Die Fraktion „Eisenschrott 0|1 mm" repräsentiert den metallisch dominierten Anteil der Feinfraktion und ist hinsichtlich ihres stofflichen Verwertungspotenzials von besonderem Interesse. Die chemischen Analysen zeigen eine klare Dominanz von Fe mit 336.000 mg/kg, entsprechend über 33 M.-%. Damit bestätigt sich der Charakter dieser Fraktion als eisenreiches Material.

Zink erreicht mit 19.500 mg/kg (≈ 2 M.-%) den höchsten Gehalt unter den Nichteisenmetallen. Der erhöhte Zn-Anteil wird auf verzinkte Stahlbestandteile zurückgeführt und besitzt sowohl wirtschaftliche als auch prozesstechnische Relevanz, insbesondere im Hinblick auf thermische Behandlungsprozesse.

Aluminium liegt mit 8900 mg/kg (≈ 0,89 M.-%) in deutlich geringerer Konzentration vor. Es ist damit gegenüber dem dominierenden Fe stark untergeordnet.

Mangan (2950 mg/kg) und Cr (2780 mg/kg) treten in vergleichbaren Konzentrationsbereichen auf und sind typischerweise legierungsbedingt mit Fe assoziiert. Ihre Präsenz ist charakteristisch für Eisen- und Stahlschrotte. Blei erreicht 2330 mg/kg und ist damit in ähnlicher Größenordnung vorhanden. Aufgrund seiner Umweltrelevanz ist dieses Element in weiterführenden Verwertungs- oder Behandlungsprozessen gesondert zu betrachten.

Kupfer (1370 mg/kg) und Ni (1110 mg/kg) liegen jeweils knapp über 0,1 M.-% und sind metallurgisch relevant, jedoch mengenmäßig deutlich untergeordnet. Molybdän (220 mg/kg), Sn (120 mg/kg) und W (86 mg/kg) treten lediglich im Spurenbereich auf. Eine gezielte Rückgewinnung dieser Elemente erscheint aufgrund der geringen Konzentration nicht zielführend.

Silizium (40.200 mg/kg; ≈ 4 M.-%) und Ca (20.600 mg/kg; ≈ 2,1 M.-%) erreichen höhere Gehalte als sämtliche Nichteisenmetalle und sind auf mineralische Begleitbestandteile zurückzuführen. Mineralische Anhaftungen können auch als Quelle für Al fungieren, etwa in Form alumosilikatischer Phasen wie Feldspäten, sodass der gemessene Al-Gehalt nicht ausschließlich metallischen Ursprungs sein muss.

Energetisch ist die Fraktion praktisch inert. Mit einem Heizwert von 200 kJ/kg (OS) liegt der Energiegehalt um Größenordnungen unter typischen Brennstoffen. Zum Vergleich erreicht Siedlungsabfall üblicherweise etwa 10 MJ/kg (OS) (Malinauskaite und Jouhara 2019), während Steinkohle über 25 MJ/kg (OS) aufweist (Lee et al. 2013). Auch der TOC-Gehalt von 2,95 %-C Trockensubstanz (TS) bestätigt den geringen organischen Anteil und unterstreicht den überwiegend inerten Charakter des Materials.

Abb. 4.4 Panorama-Mikroskopaufnahme der Fraktion „Eisenschrott 0|1 mm"

Insgesamt ist die Fraktion „Eisenschrott 0|1 mm" eindeutig als eisenreiches Konzentrat mit relevantem Zinkanteil einzuordnen. Ihr stoffliches Potenzial liegt primär in der Rückführung in metallurgische Prozesse, während eine energetische Nutzung aufgrund des vernachlässigbaren Heizwerts ausscheidet.

Untersuchungen der Fraktion „Eisenschrott 0|1 mm" mit dem optischen Digitalmikroskop zeigen eine inhomogene Mischung (siehe Abb. 4.4) aus Holzspänen, Lack- und Kunststoffpartikeln, Steinen, Flusen sowie metallischen Partikeln. Die charakteristische rostbraune Farbe deutet bereits auf einen hohen Anteil eisenhaltiger Partikel hin.

Besonders auffällig sind sehr kleine, nahezu perfekt runde Eisenkügelchen (siehe Abb. 4.5) mit typischen Durchmessern von etwa 0,1 mm. Punktanalysen mittels LIBS and diesen Partikeln ergeben eine chemische Zusammensetzung von ca. 65 % Fe und 35 % Sauerstoff (O). Die umliegende braune Matrix enthält zusätzlich Wasserstoff (H) und besteht somit überwiegend aus Eisenoxyhydroxiden (Rost).

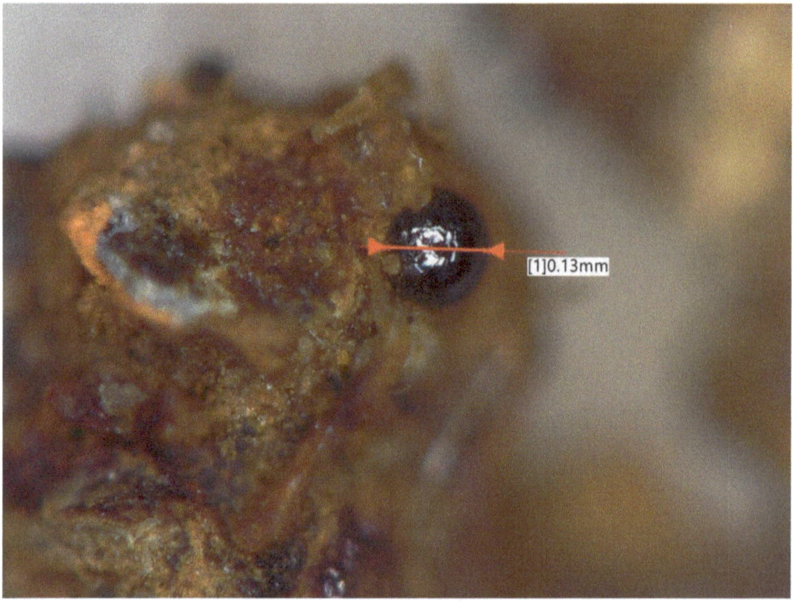

Abb. 4.5 Typische in der Fraktion „Eisenschrott 0|1 mm“ vorkommende Eisenspherule

4.3.2 Restfraktion 0|1 mm

Die Fraktion „Restfraktion 0|1 mm“ ist der nichtmagnetische Anteil, der bei der Abtrennung der Fraktion „Eisenschrott 0|1 mm“ mittels Schwachfeldmagnetscheider zurückbleibt. Durch die chemische Charakterisierung können potenzielle Verwertungsoptionen beurteilt werden.

Die Fraktion zeichnet sich trotz vorangegangener Magnetscheidung durch einen hohen Eisenanteil (89.100 mg/kg; ≈ 8,9 M.-%) aus. Daneben erreichen Zn (32.800 mg/kg; ≈ 3,3 M.-%) und Al (21.600 mg/kg; ≈ 2,2 M.-%) signifikante Konzentrationen. Während Zn mengenmäßig das wichtigste metallische Begleitelement darstellt und auf verzinkte Materialien hinweist, kann Al sowohl metallisch als auch mineralisch gebunden vorliegen.

In Bezug auf Schwermetalle zeigt die Restfraktion eine ähnliche Verteilung wie die Eisenschrottfraktion im korrespondierenden Korngrößenbereich. Mangan (1190 mg/kg) und Cr (740 mg/kg) sind gegenüber der Eisenschrottfraktion reduziert, während Pb (3820 mg/kg) in deutlich höherer Konzentration auftritt. Kupfer (2010 mg/kg) und Ni (400 mg/kg) sind mengenmäßig untergeordnet. Molybdän (59 mg/kg), Sn (100 mg/kg) und W (85 mg/kg) liegen im Spurenbereich vor.

Die Fraktion ist durch einen hohen Anteil mineralischer Bestandteile geprägt. Vor allem Si (166.000 mg/kg; ≈ 16,6 M.-%) und Ca (44.300 mg/kg; ≈ 4,4 M.-%) dominieren die Zusammensetzung. Energetisch ist die Fraktion weitestgehend inert. Der Heizwert liegt bei 460 kJ/kg (OS). Der TOC beträgt 6,52 %-C (TS) und ist im Vergleich zu typischen organischen Abfällen als niedrig zu beurteilen, wobei die erhöhte Konzentration auf die Anreicherung organischer Feinanteile im Zuge der Aufbereitung zurückzuführen ist.

Insgesamt zeigt die „Restfraktion 0|1 mm" ein gemischtes Profil aus eisenreichen Partikeln, begleitenden Wertmetallen und einem hohen Anteil mineralischer Komponenten. Das stoffliche Potenzial liegt primär in der weiteren Trennung und möglichen Rückführung von Fe und Zn, während die mineralischen Anteile sowie der geringe Heizwert die energetische Nutzung oder die Rückgewinnung von anderen Wertmetallen einschränken.

Für die „Restfraktion 0|1 mm" (siehe Abb. 4.6) wurden ergänzend lichtmikroskopische Untersuchungen mittels optischem Digitalmikroskop durchgeführt. Das Material zeigt sich als heterogenes Gemenge überwiegend nichtmetallischer Be-

Abb. 4.6 Panorama-Mikroskopaufnahme der „Restfraktion 0|1 mm"

standteile. Dominant sind organische Komponenten in Form von Holzsplittern langgestreckter Morphologie sowie mineralische Partikel, die als Gesteinsfragmente auftreten. Hinzu kommen polymere Bestandteile, vor allem Kunststofffragmente, sowie plättchenförmige Lackpartikel.

Die Partikel weisen insgesamt eine ausgeprägte Heterogenität hinsichtlich Form, Größe und Materialtyp auf. Metallische Partikel sind ebenfalls nachweisbar, jedoch klar untergeordnet. Sie erscheinen als kompakte Partikel und bestehen laut LIPS-Analyse aus reinem Fe, Eisenoxid oder einer Eisenlegierung. Insgesamt bestätigt die mikroskopische Analyse den makroskopisch festgestellten Charakter der Restfraktion als überwiegend leichten, stark heterogenen Materialmix mit geringem Metallgehalt und hauptsächlich organischen und mineralischen Bestandteilen.

4.3.3 Austragsfraktionen Herdversuche

Die im Zuge der Auflösung der Agglomerate entstandene „Schlammfraktion 0|1 mm" wurde auf einem Querstoßherd weiter mechanisch fraktioniert. Gemäß Abb. 3.1 sind dabei vier Teilfraktionen entstanden, für die im weiteren Verlauf der Merkmalsklassenanalyse eine Charakterisierung erfolgte. Tab. 4.2 zeigt die Ergebnisse der XRF-Analysen sämtlicher Abgänge aus den Versuchen. Die Nachweisgrenze (NWG) liegt bei 0,0001 M.-%.

Die mikroskopische Untersuchung der erzeugten Teilströme zeigt deutliche Unterschiede in der Partikelmorphologie. In den Fraktionen „Berge" und „Vorkonzentrat 1" reichern sich feine, staubartige Partikel an. Demgegenüber bestehen „Vorkonzentrat 2" und „Konzentrat" überwiegend aus diskreten, vereinzelten Monopartikeln. Die chemische Zusammensetzung zeigt deutliche Anreicherungs- und Verarmungstendenzen entlang der Abgangsfolge Berge ➔ Vorkonzentrat 1 ➔ Vorkonzentrat 2 ➔ Konzentrat. Es kommt zur Ausbildung eines eisenreichen Konzentrates, während der Anteil matrixbildender, überwiegend lithophiler Elemente in diesem kontinuierlich abnimmt. Das ist als eindeutiges Indiz dafür zu werten, dass mit dem gewählten Verfahren der Feinkorndichtesortierung eine selektive Eisenanreicherung im Konzentrat erreicht werden kann und der Querstoßherd sich für diesen Prozess besonders eignet.

Die Differenz des Fe-Gehaltes von 65,1 % in den Bergen zu 80,6 % im Konzentrat belegt, dass eine wirksame Freilegung und Abtrennung dichter Eisenphasen erfolgt. Die Anreicherung ist nicht sprunghaft, sondern graduell über die Vorkonzentrate, was auf eine sukzessive Dichteklassierung mit zunehmender Verweilzeit am Herd hinweist. Das ist ein Indiz für die Eignung des eingesetzten

Tab. 4.2 Ergebnisse der XRF-Analysen der Abgänge aus dem Querstoßherd mit prozessfeuchtem Material, gerundet zu zwei signifikanten Nachkommastellen. NWG = Nachweisgrenze

Element	„Berge“	„Vorkonzentrat 1“	„Vorkonzentrat 2“	„Konzentrat“
Al	4,7	4,33	2,92	1,24
Si	19,34	19,99	19,18	13,25
P	0,87	0,79	0,55	0,39
Ti	0,72	0,8	0,65	0,32
V	0,32	0,3	0,21	0,12
Cr	0,38	0,36	0,3	0,46
Mn	0,5	0,53	0,46	0,64
Fe	65,14	65,06	70,8	80,55
Co	0,26	0,3	0,25	0,3
Ni	0,39	0,37	0,24	0,3
Cu	0,65	0,56	0,35	0,22
As	< 0,0001	< 0,0001	< 0,0001	< 0,0001
Zr	0,15	0,16	0,11	0,1
Nb	< 0,0001	< 0,0001	< 0,0001	0,02
Mo	0,11	0,1	0,11	0,1
Sn	< 0,0001	0,17	< 0,0001	< 0,0001
W	3,82	3,5	2,44	1,32
Pb	2,64	2,68	1,43	0,67

Trennprozesses. Das Konzentrat stellt eine Phase dar, die sowohl metallisches Fe als auch dichte Eisenoxide umfasst.

Für die Elemente Al und Si zeigt sich eine systematische Verarmung in Richtung des Konzentrates. Diese Elemente sind typisch für silikatische und oxidische Begleitphasen die vor allem aus mineralischen Anhaftungen, wie Sandanteilen oder oxidisch veränderten Oberflächen, stammen. Ihre kontinuierliche Verlagerung in die spezifisch leichteren Fraktionen „Berge“ und „Vorkonzentrat 1“ belegt, dass sie nicht in signifikantem Umfang mit den eisenreichen Partikeln vergesellschaftet sind bzw. gemeinsam mit diesen ausgetragen werden. Auch P, Ti und V folgen dieser Tendenz.

Ebenfalls eine deutliche Tendenz lässt sich für das Verhalten der Schwermetalle Cu und Pb feststellen. Trotz ihrer hohen Elementdichte erfolgt keine Anreicherung im Konzentrat, vielmehr sinken die Gehalte kontinuierlich und es kommt zu einer Verarmung. Dieses Verhalten weist darauf hin, dass sie überwiegend nicht als kompakte metallische Partikel vorliegen, sondern fein verteilt sind. Dies lässt auf ein Vorliegen in oxidischer Form, eingebunden in Trägerphasen geringer Dichte, schließen. Im feinen Korngrößenbereich 0|1 mm wirken sich solche Verwachsungen, Oberflächenoxidationen und partielle Einbettungen negativ auf den Trennerfolg aus, da die trennwirksamen physikalischen Kräfte auf die Materialkennwerte des vergesellschafteten Agglomerats bezogen sind.

Nickel und Co zeigen keine ausgeprägte Selektivität, verbleiben jedoch tendenziell im eisenreicheren Spektrum. Dies deutet auf eine teilweise Bindung an Fe-haltige Phasen hin, ohne dass es zur Ausbildung einer eigenständigen, hochdichten Phase kommt. Zirkonium und Mo liegen in geringen Konzentrationen vor und zeigen keine systematische Verschiebung. Niob hingegen weist, trotz insgesamt sehr geringer Gehalte, eine Anreicherung im Konzentrat auf.

Auffällig ist die deutliche Abnahme des W-Gehaltes in Richtung Konzentrat. Obwohl W als Einzelelement die höchste Dichte besitzt, wird es nicht in einer eigenständigen Schwergutfraktion angereichert. Dies spricht gegen das Vorliegen freier metallischer W-Partikel und vielmehr für eine Bindung in leichteren Verbundkörnern oder in oxidischer Form. Unter Berücksichtigung der nassen Prozessführung am Querstoßherd ist davon auszugehen, dass zudem hydraulische Effekte die Mitführung feindisperser W-Partikel begünstigen.

Die Behandlung der Schlammfraktionen im Korngrößenbereich 0|1 mm stellt einen eindeutigen Schritt zur Anreicherung des Eisengehaltes im Konzentrat dar. Für die Stahlherstellung ungünstige Begleitelemente wie Cu und Si hingegen gelangen bevorzugt in die Berge. Die Ergebnisse zeigen deutlich auf, dass es am Querstoffherd zu einer selektiven stofflichen Trennung kommt (Bernhard et al. 2025).

4.4 Charakterisierung Ausgangsmaterial

Scherensande stellen ein komplexes, heterogenes Stoffgemisch dar, das sich aus metallischen, mineralischen und organischen Bestandteilen zusammensetzt. Die Entstehung dieses Materials ist unmittelbar mit dem mechanischen Schneidprozess in hydraulischen Scheren verbunden. Während der Zerkleinerung wirken hohe Beanspruchungen sowohl auf das zu zerkleinernde Gut als auch auf die eingesetzten Schneidwerkzeuge. Infolge dieser intensiven Wechselwirkungen kommt es auf zwei Arten zur Entstehung von Feinanteilen: zum einen werden Partikel durch den Zerkleinerungseffekt freigelegt, zum anderen entstehen Feinanteile durch Abrasion im Schneidspalt. Verschiedene Erscheinungsformen des Scherensand-Ausgangsmaterials zeigt Abb. 4.7.

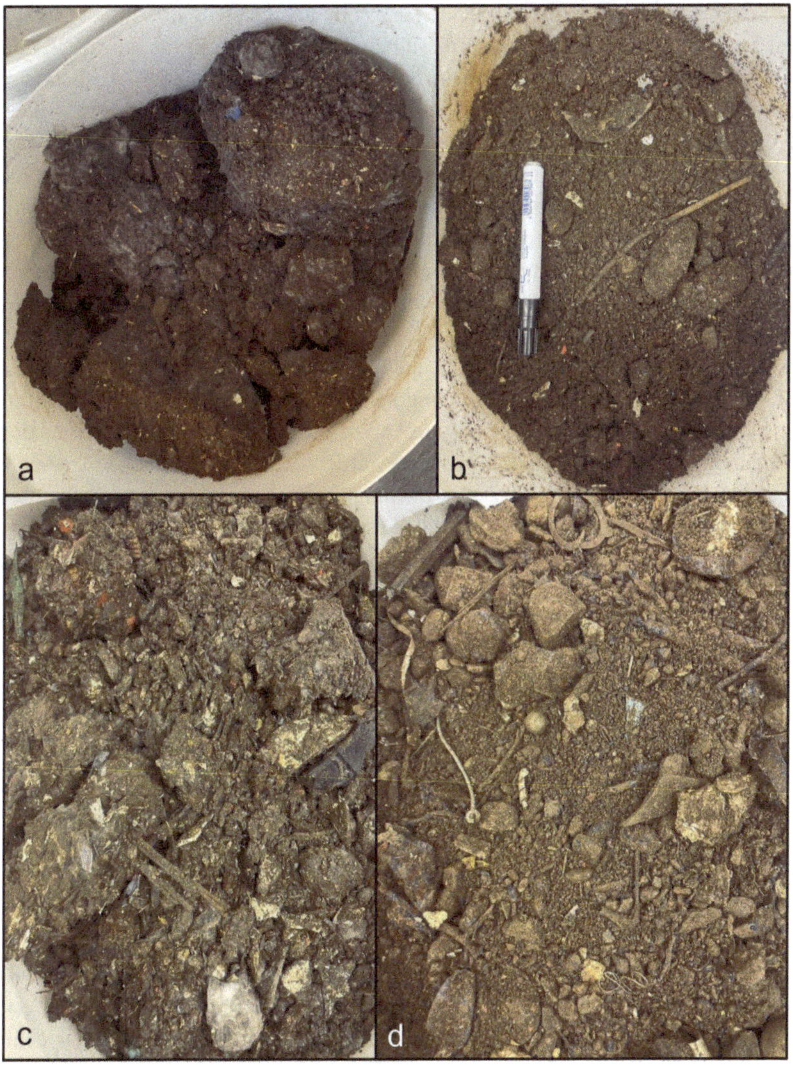

Abb. 4.7 Zwei verschiedene Betriebsproben von Scherensand-Ausgangsmaterial vor Aufschluss und mechanischer Behandlung in der direkten Form des industriellen Anfalles. (**a**) und (**c**) stellen eine Betriebsprobe dar und (**b**) und (**d**) stellen ebenfalls eine Betriebsprobe dar, wobei jeweils eine Fern- und Nahaufnahme abgebildet ist

Scherensand liegt in der betrieblichen Praxis als Scherensand-Ausgangsmaterial stark agglomeriert vor, wobei diese Agglomerate maßgeblich auf die Vermischung mit Schrottplatzkehricht zurückzuführen sind. Der eigentliche Schneidabrieb sowie die während des Schneidprozesses generierten Feinanteile werden dabei stofflich kontaminiert und überprägt, sodass ein eigenständiger, ausschließlich aus Schneidabrieb bestehender Stoffstrom de facto nicht isoliert erfasst wird. Die Partikeloberflächen sind durch Betriebsstoffe (Öle, Fette, Lacke, Kraftstoffe) mit Kohlenwasserstoffverbindungen verunreinigt. Durch die Vermischung mit Schrottplatzkehricht kommt es zudem zum Eintrag von mineralischen Komponenten (z. B. Steine, Sand, Erde) sowie organischen Bestandteilen (z. B. Erde, Holz, Papier). Die Kohlenwasserstoffverbindungen an den Oberflächen der metallischen Partikel wirken wie Klebstoff und führen zu Anhaftungen von organischen Bestandteilen und damit zur Ausbildung von Agglomeraten.

Scherensande im engeren Sinne – also ausschließlich bestehend aus Abrieb und Feinanteilen aus dem Schneidprozesses – werden in der industriellen Praxis nicht getrennt erfasst. Unter realen Betriebsbedingungen ist eine getrennte Sammlung des Schneidabriebes weder etabliert noch mit vertretbarem Aufwand umzusetzen. Aus diesem Grund wurde im Rahmen der vorliegenden Untersuchungen bewusst ein praxisnaher Ansatz gewählt: Die Bezeichnung „Scherensand“ wird beibehalten, jedoch auf das tatsächlich anfallende Materialgemisch aus Schneidabrieb und Schrottplatzkehricht (Scherensand-Ausgangsmaterial) angewendet.

In der makroskopischen Beurteilung des Scherensand-Ausgangsmaterials ist begründet durch diese Definition ein zentraler materialtechnischer Aspekt zu berücksichtigen: Die Agglomeratbildung ist eindeutig auf die Vermischung des Schneidabriebes mit Schrottplatzkehricht zurückzuführen. Es handelt sich dabei um keine stofflichen Verwachsungen im Sinne von Materialverbunden, sondern um eine mechanisch gebundene Agglomeratstruktur, in der überwiegend metallische Monopartikel in einer organisch geprägten Matrix eingebettet sind. Durch Attrition ist auf Agglomeratebene ein vollständiger Aufschluss möglich, was die erzielten Aufschlussgrade von 100 % bestätigen. Es liegen demnach keinerlei Verwachsungen auf Partikel- oder Materialebene vor und sämtliche Monopartikel lassen sich theoretisch durch Ausnutzung physikalischer Eigenschaftsunterschiede selektiv trennen. Sollten im Schneidabrieb primäre stoffliche Verwachsungen enthalten sein, wäre der durchgeführte Läuterprozess nicht in der Lage diese aufzulösen. Den Ergebnissen zufolge ist das jedoch nicht der Fall. Die Verwachsungsproblematik im Scherensand-Ausgangsmaterial stellt demnach eine Agglomerationsproblematik dar. Daraus ergibt sich ein entscheidender Ansatzpunkt für die Aufbereitung: Ziel des Aufschlusses ist nicht die Zerkleinerung oder die Trennung von Material- oder Stoffverbunden, sondern die Desintegration der agglomerierten Partikelstruktur.

Grundsätzlich ist davon auszugehen, dass durch eine getrennte Erfassung von Schneidabrieb und Schrottplatzkehricht die Agglomeratbildung reduziert oder weitgehend unterbunden werden kann, was unter rein kreislaufwirtschaftlichen Überlegungen als sinnvoll erscheint. In der industriellen Praxis ist dies jedoch nicht etabliert und entspricht auch nicht dem Stand der Technik, weshalb im Rahmen gegenständlicher Untersuchungen keine getrennte Betrachtung erfolgte (Verein Deutscher Ingenieure 2011). Stattdessen liegt der Fokus bewusst auf dem industriell verfügbaren Material des Scherensand-Ausgangsmaterials.

5 Erhebung des Sekundärrohstoffpotentials

Die Abschätzung des im Scherensand enthaltenen Sekundärrohstoffpotentials stellt eine zentrale Fragestellung dar. Ausgangspunkt der Betrachtung bildet die Annahme, dass bei der Zerkleinerung von Stahlschrotten mittels hydraulischer Translationsscheren Scherensande in einer Größenordnung von 2 M-% des verarbeiteten Materials anfallen. Dieser Wert ist als betrieblicher Erfahrungsfaktor zu verstehen und beschreibt den unvermeidbaren Anfall von Schneidabrieb und Schrottplatzkehricht im unmittelbaren Umfeld des Schneidprozesses (Demschar et al. 2025). Der so definierte gemeinsame Materialstrom entspricht dem im Rahmen dieser Arbeit untersuchten Scherensand-Ausgangsmaterial und verteilt sich näherungsweise zu gleichen Teilen auf die beiden Komponenten, sodass von ca. 1 M-% Schneidabrieb und 1 M-% Schrottplatzkehricht in Bezug auf die behandelte Schrottmenge auszugehen ist (Marousek et al. 2023).

Aufbauend auf diese Bezugsgröße können die im Zuge der experimentellen Untersuchungen ermittelten Transferkoeffizienten herangezogen werden, um die Verteilung der Stoffströme innerhalb des Gesamtsystems zu quantifizieren. Auf diese Weise lässt sich ableiten, welche Mengen einzelner Fraktionen aus einer gegebenen Scherensandmenge resultieren. Im Fokus der folgenden Betrachtung steht die Fraktion „Eisenschrott 1|150 mm“, da für diese aufgrund ihrer hohen Reinheit und ihres vollständigen Aufschlussgrades ein direkter Einsatz im Elektrolichtbogenofen (ELO) als gesichert angenommen werden kann.

Die Quantifizierungsgrundlage bildet die Abschätzung jener Schrottmengen, die jährlich mittels Scheren behandelt werden. Hierfür wurden zwei Ansätze verfolgt: einerseits eine detaillierte, national bezogene Betrachtung auf Basis abfallwirtschaftlicher und industrieller Daten für Österreich, andererseits eine überschlagsmäßige Hochrechnung auf globale Ebene.

P. Demschar et al., *Scherensand – Ressource für die Stahlindustrie*, essentials, https://doi.org/10.1007/978-3-658-52326-8_5

In der Schrottwirtschaft erfolgt die Klassifizierung von Stahlschrotten nach definierten Güte- und Sortenkriterien. Die Europäische Schrottsortenliste unterscheidet dabei sieben Hauptkategorien mit insgesamt elf Güteklassen, die unter anderem Materialdicke, Korngrößenverteilung, Schüttdichte sowie zulässige Verunreinigungen spezifizieren. Grundsätzlich wird zwischen Neuschrott aus Produktionsprozessen und Altschrott aus End-of-Life-Produkten unterschieden. Während Neuschrott in der Regel eine hohe stoffliche Homogenität aufweist, ist Altschrott häufig durch eine starke Heterogenität und diffuse Kontaminationen gekennzeichnet (Bundesvereinigung Deutscher Stahlrecycling- und Entsorgungsunternehmen e.V. 2025).

Die österreichspezifische Abschätzung kann konservativ und großzügig durchgeführt werden. Der konservative Ansatz stützt sich auf die Schrottsorte E3 (schwerer Stahlschrott, Wandstärke > 6 mm) gemäß Europäischer Schrottsortenliste. Wegen der großen Materialdicken erfolgt für diese Schrottart in der Praxis die Zerkleinerung mittels Scheren. Für Österreich wird die jährlich anfallende Menge dieser Sorte mit rund 298.000 t angegeben (Hackl et al. 2023). Unter Anwendung des Scherensandfaktors von 2 M-% ergibt sich daraus ein Scherensandaufkommen von etwa 6000 t pro Jahr. Der Transferkoeffizient in die Fraktion „Eisenschrott 1|150 mm" beträgt 27,4 M-%; daraus ergibt sich in diesem Ansatz ein Potenzial zur Schrottrückgewinnung von etwa 1650 t pro Jahr.

Dem großzügigen Ansatz liegt die gesamte in Österreich behandelte Menge an Eisen- und Stahlschrotten sowie eisenhaltigen Verpackungen gemäß Bundes-Abfallwirtschaftsplan zugrunde. Gemittelt liegt dieser bei rund 2 Mio. t pro Jahr. Durch Multiplikation mit dem Scherensandfaktor von 2 M-% ergibt sich so ein prognostizierter Scherensandanfall von 40.000 t pro Jahr und somit eine rückgewinnbare Schrottmenge von etwa 11.000 t jährlich (BMK 2023).

Wird die großzügige Abschätzung auf das globale Handelsvolumen von Eisen- und Stahlschrott von etwa 97 Mio. t übertragen, ergibt sich das jährliche weltweite Scherensandaufkommen zu rund 2 Mio. t. Die rückgewinnbare Schrottmenge könnte in diesem Modell bis zu 548.000 t betragen (World Steel Association 2024).

Auch wenn es sich bei den dargestellten Werten um Abschätzungen handelt, verdeutlichen sie die Größenordnung des in Scherensanden enthaltenen Sekundärrohstoffpotentials. Insbesondere vor dem Hintergrund der Transformation der Stahlindustrie wird deutlich, dass die Nutzung von Scherensanden nicht nur zur Sicherung der Rohstoffversorgung, sondern auch zu einer wesentlichen Reduktion prozessbedingter CO_2-Emissionen beitragen kann.

Ausblick

6

Die durchgeführten Untersuchungen zeigen, dass Scherensande einen bislang unzureichend betrachteten Stoffstrom darstellen, dessen stoffliche Zusammensetzung relevantes sekundärrohstoffliches Potenzial erkennen lässt. Die Erkenntnisse der mechanischen Fraktionierung zeigen zudem, durch welche Prozesse und in welchem Umfang dieses Wertstoffpotenzial nutzbar gemacht werden kann.

Die dargestellte Charakterisierung kann lediglich einen ersten, systematischen Zugang zu diesem Materialstrom geben. Die vorliegenden Untersuchungsergebnisse erlauben die Ableitung einer Reihe weiterer Forschungsfragen, die aktuell behandelt werden.

Ein besonderer Fokus liegt dabei auf einer vertieften chemischen Analyse der gewonnenen Metall- und Schrottfraktionen unter metallurgischen Gesichtspunkten. Von zentralem Interesse ist insbesondere die Frage, inwieweit ein tatsächlicher Einsatz in der Stahlindustrie möglich ist und welche Begleitelemente einen solchen Einsatz gegebenenfalls limitieren, einschränken oder aber auch begünstigen können. Entsprechende Untersuchungen liegen bis dato nur semiquantitativ für Feinfraktionen (< 1 mm) vor. Insbesondere für die mengenmäßig dominierende Fraktion „Eisenschrott 1|150 mm" stellt eine derartige metallurgisch orientierte Analyse den logischen nächsten Schritt dar.

Außerdem fokussieren sich aktuelle Untersuchungen auf die „Restfraktion 1|150 mm". Diese bietet Potenzial zur Rückgewinnung sowohl stofflich rezyklierbarer Bestandteile als auch heizwertreicher Komponenten zur thermischen Verwertung. Dabei ist jedoch auf eine sinnvolle Einbettung mit Augenmaß in übergeordnete abfall- und kreislaufwirtschaftliche Systeme Bedacht zu nehmen. Insbesondere stellt sich die Frage, welche abfallwirtschaftlichen Modelle für die Sammlung

P. Demschar et al., *Scherensand – Ressource für die Stahlindustrie*, essentials, https://doi.org/10.1007/978-3-658-52326-8_6

und Behandlung solcher Behandlungsrückstände sinnvoll etabliert werden können und wie weit eine zusätzliche Aufbereitung zur Wertstoffrückgewinnung – nicht zuletzt unter wirtschaftlichen Rahmenbedingungen – tatsächlich zweckmäßig und vertretbar ist.

Das vorliegende Werk macht deutlich, dass Behandlungsrückstände aus industriellen Aufbereitungsprozessen häufig unzureichend charakterisiert sind, obwohl sie kontinuierlich und in relevanten Mengen anfallen. Vor diesem Hintergrund erscheint es sinnvoll, den vorgestellten verwertungsorientierten Charakterisierungsansatz auch auf weitere bislang wenig betrachtete Reststoffströme zu übertragen und die dahingehenden Untersuchungen auszuweiten. Eine systematische Suche nach solchen Stoffströmen – insbesondere innerhalb etablierter abfallwirtschaftlicher Behandlungsprozesse – kann dazu beitragen, bisher unerschlossene Ressourcenpotenziale sichtbar zu machen. Auf diese Weise können diese perspektivisch in Wertstoffströme überführt und gezielt in bestehende Recycling- und Verwertungssysteme integriert werden.

Die Ergebnisse der Charakterisierung von Scherensand verstehen sich daher nicht alleine als Beitrag zum besseren Verständnis des Stoffstroms an sich, sondern zugleich als Beispiel dafür, wie durch eine systematische, aufbereitungstechnisch orientierte Betrachtung neue Ansätze zur Erschließung sekundärer Rohstoffpotenziale entwickelt werden können. Gerade im Kontext der fortschreitenden Transformation rohstoffintensiver Industrien und der zunehmenden Bedeutung der Kreislaufwirtschaft wird die wissenschaftliche und technische Auseinandersetzung mit bislang wenig beachteten Stoffströmen in Zukunft weiter an Bedeutung gewinnen.

Was Sie aus diesem *essential* mitnehmen können

- Scherensande sind Rückstände der schneidenden Metallzerkleinerung und bestehen aus Schneidabrieben, feinen Zerkleinerungsrückständen und Schrottplatzkehrichten. Sie fallen im Umfang von ca. 2 M-% in Bezug auf die behandelte Schrottmenge an.
- In der betrieblichen Praxis liegen Scherensande in stark agglomerierter Form vor. Durch attritive Wäsche kann ein vollständiger Aufschluss erreicht werden.
- Scherensande besitzen ein relevantes Sekundärrohstoffpotenzial und sind insbesondere vor dem Hintergrund der Transformation der Stahlindustrie eine wertvolle Ressource.
- Es können über 27 M-% an stückigen Eisen- und Stahlschrotten für den Einsatz im Elektrolichtbogenofen aus Scherensanden rückgewonnen werden.
- Die methodische Kombination aus Fraktionierung, Merkmalsklassenanalyse und Bottom-up-Charakterisierung stellt einen systematischen Ansatz zur Charakterisierung und Bewertung industrieller Reststoffströme dar.

P. Demschar et al., *Scherensand – Ressource für die Stahlindustrie*, essentials, https://doi.org/10.1007/978-3-658-52326-8

Literatur

Austrian Standards International. 2000. Prüfung fester und flüssiger Brennstoffe – Bestimmung des Brennwertes mit dem Bomben-Kalorimeter und Berechnung des Heizwertes – Teil 1: Allgemeine Angaben, Grundgeräte, Grundverfahren. Wien: Austrian Standards Institute 75.160.10.

Austrian Standards International. 2007. Charakterisierung von Abfällen – Berechnung der Trockenmasse durch Bestimmung des Trockenrückstandes oder des Wassergehaltes. Wien: Austrian Standards Institute 13.030.01.

Austrian Standards International. 2009. Wasserbeschaffenheit – Bestimmung von ausgewählten Elementen durch induktiv gekoppelte Plasma-Atom-Emissionsspektrometrie (ICP-OES) (ISO 11885:2007); Deutsche Fassung EN ISO 11885:2009. Wien: Austrian Standards Institute 13.060.50.

Austrian Standards International. 2017. Wasserbeschaffenheit – Anwendung der induktiv gekoppelten Plasma-Massenspektrometrie (ICP-MS) – Teil 2: Bestimmung von ausgewählten Elementen einschließlich Uran-Isotope (ISO 17294-2:2016). Wien: Austrian Standards Institute.

Austrian Standards International. 2021a. Boden, behandelter Bioabfall, Schlamm und Abfall – Aufschluss mit einem Gemisch aus Salzsäure (HCl), Salpetersäure (HNO3) und Tetrafluorborsäure (HBF4) oder Fluorwasserstoffsäure (HF) für die anschließende Bestimmung der Elemente. Wien: Austrian Standards Institute 13.030.40.

Austrian Standards International. 2021b. Feste Sekundärbrennstoffe – Bestimmung des Aschegehaltes (ISO 21656:2021). Wien: Austrian Standards Institute 75.160.10.

Austrian Standards International. 2022. Boden, Abfall, behandelter Bioabfall und Schlamm – Bestimmung des gesamten organischen Kohlenstoffs (TOC) mittels trockener Verbrennung. Wien: Austrian Standards Institute 13.030.01.

Bernhard Christian, Georg Gaiser, Michael Bernhard, Johann Winkler, Maximilian Kern, Peter Presoly und Youn-Bae Kang. 2025. On the Role of Tramp Elements for Surface Defect Formation in Continuous Casting of Steel. *steel research international* 96 (5): 2400494. https://doi.org/10.1002/srin.202400494.

P. Demschar et al., *Scherensand – Ressource für die Stahlindustrie*, essentials, https://doi.org/10.1007/978-3-658-52326-8

BMK. Bundesministerium für Klimaschutz, Umwelt, Energie, Mobilität, Innovation und Technologie. Bundes-Abfallwirtschaftsplan 2023, Teil 1 BAWP, *Homepage BMK*, URL (2023).

Bundesvereinigung Deutscher Stahlrecycling- und Entsorgungsunternehmen e.V.. Europäische Schrottsortenliste. Teil 1, *Homepage BDSV*, URL (2025).

Bundesverband Sekundärrohstoffe und Entsorgung (bvse). Europäische Schrottsortenliste 2025:1–7.

Demschar, Paul, Thomas Kremlicka, Wolfram Waldl, Roland Pomberger, und Klaus Philipp Sedlazeck. 2025. Process-adapted material characterization for ferrous metal recovery from residues arising in scrap cutting operations. *Waste management (New York, N.Y.)* 208:115172. https://doi.org/10.1016/j.wasman.2025.115172.

Hackl, G., M. Beermann, J. Rieger, M. Häuselmann, J. Schenk, S. K. Michelic, J. Cejka, R. Schnitzer, A. Sakic, S. Dworak, K. Steininger, und J. Mayer. 2023. IRONER–Potenziale für innovatives und nachhaltiges Recycling von Stahl: Berichte aus Energie- und Umweltforschung.

Lee, Jeongwoo, Chang-Sang Cho, Ki-hyup Hong, Jae-Hak Jeong, Seungjin Kim, und Eui-Chan Jeon. 2013. A study on carbon dioxide emissions from bituminous coal in Korea. *Environmental Earth Sciences* 70 (4): 1709–1715. https://doi.org/10.1007/s12665-013-2258-6.

Löhr, Karsten, Michele Melchiorre, und Bernd-Uwe Kettemann. 1995. *Aufbereitungstechnik: Recycling von Produktionsabfällen und Altprodukten.* München, Wien: Hanser.

Malinauskaite, J. und H. Jouhara. 2019. The trilemma of waste-to-energy: A multi-purpose solution. *Energy Policy* 129:636–645. https://doi.org/10.1016/j.enpol.2019.02.029.

Marousek Lukas, Helmut Flachberger, Christoph Sorger und Thomas Griessacher. 2023. Impulse für eine nachhaltige Stahlproduktion – Aufbereitungstechnische Charakterisierung von Reststoffen der Stahlwerksindustrie. *BHM Berg- und Hüttenmännische Monatshefte* 168 (7): 331–340. https://doi.org/10.1007/s00501-023-01367-y.

Nickel, Werner (Hrsg.). 1996. *Recycling-Handbuch: Strategien – Technologien – Produkte.* Berlin, Heidelberg, Düsseldorf: Springer; VDI-Verlag.

Öfner, W. 2013. Einsatzmöglichkeiten und -grenzen der aufbereitungstechnischen Merkmalsklassenanalyse zur Charakterisierung feinkörniger Reststoffe der Eisen- und Stahlproduktion als Grundlage eines verbesserten Wiedereinsatzes.

Rudevskij S. J. und L. G. Kralja. 1982. Klassierung der in Guillotinescheren geschnittenen Stahlschrotte mittels Trommelsiebs. In *Aufbereitung metallischer und metallhaltiger Sekundärrohstoffe: Vorträge zum Berg- und Hüttenmännischen Tag 1981 in Freiberg*, Hrsg. Rektor der Bergakademie Freiberg, 101–108. Leipzig: VEB Deutscher Verlag für Grundstoffindustrie.

Schubert, Heinrich. 1967. *Aufbereitung fester mineralischer Rohstoffe. Band 2.* Leipzig: VEB Deutscher Verlag für Grundstoffindustrie.

Schubert, Heinrich. 1988. *Aufbereitung fester mineralischer Rohstoffe – Band 1*, 4. Aufl. Berlin: VEB Deutscher Verlag für Grundstoffindustrie Leipzig.

Smith York R., James R. Nagel und Raj K. Rajamani. 2019. Eddy current separation for recovery of non-ferrous metallic particles: A comprehensive review. *Minerals Engineering* 133:149–159. https://doi.org/10.1016/j.mineng.2018.12.025.

Umweltbundesamt Österreich. Abfrage zum Bestand an Anlagen zur Verarbeitung von Metallabällen in Österreich, *EDM-Abfrage und persönliche Mitteilung*, Persönliche Mitteilung (2024).

Verein Deutscher Ingenieure. 2011. Planung, Errichtung und Betrieb von Schrottplätzen. Düsseldorf: VDI ICS 13.030.50. Zugegriffen: 12. Mai 2026.

World Steel Association. 2024. World Steel in Figures 2024. https://worldsteel.org/data/world-steel-in-figures/%20World%20steel%20in%20Figures%202024/. Zugegriffen: 2. April 2025.

MIX
Papier | Fördert
gute Waldnutzung
FSC® C083411

Kolibri 360 GmbH
Ferdinand-Jühlke-Straße 7
99095 Erfurt, Deutschland
produktsicherheit@kolibri360.de